1+X职业技能等级证书
配套系列教材

无线网络规划与实施（中、高级）

主编　新华三技术有限公司

中国教育出版传媒集团
高等教育出版社·北京

内容简介

本书主要围绕《无线网络规划与实施职业技能等级标准》对应的新华三无线网络相关工作领域、工作任务及职业技能要求进行编写。全书共分为8个项目，内容包括：无线网络产品及其应用场景，新华三智慧园区智能无线网络的勘测与设计，新华三智慧园区智能无线网络的部署与实施，新华三智慧园区智能无线网络的性能评估，新华三智慧园区智能无线网络的优化，新华三智慧园区智能无线网络的维护与管理，新华三医院住院部无线网络的优化，新华三大厦无线网络的安全优化。

本书可用于无线网络规划与实施（中、高级）职业技能等级标准教学和培训，也可作为高等职业院校网络技术相关专业的教材，还可作为无线网络技术工程师、网络管理和维护工程师、网络系统集成工程师的参考书。

图书在版编目（CIP）数据

无线网络规划与实施：中、高级 / 新华三技术有限公司主编 . -- 北京：高等教育出版社，2024.4

ISBN 978-7-04-060183-1

Ⅰ. ①无…　Ⅱ. ①新…　Ⅲ. ①无线网 - 网络规划 - 技术培训 - 教材　Ⅳ. ①TN92

中国国家版本馆CIP数据核字（2023）第037969号

Wuxian Wangluo Guihua yu Shishi（Zhong Gaoji）

策划编辑　傅　波　　责任编辑　傅　波　　封面设计　王　鹏　　版式设计　于　婕
责任绘图　李沛蓉　　责任校对　任　纳　陈　杨　　责任印制　耿　轩

出版发行	高等教育出版社	网　址	http://www.hep.edu.cn
社　址	北京市西城区德外大街4号		http://www.hep.com.cn
邮政编码	100120	网上订购	http://www.hepmall.com.cn
印　刷	河北信瑞彩印刷有限公司		http://www.hepmall.com
开　本	787 mm × 1092 mm　1/16		http://www.hepmall.cn
印　张	12.25		
字　数	310千字	版　次	2024年4月第1版
购书热线	010-58581118	印　次	2024年4月第1次印刷
咨询电话	400-810-0598	定　价	36.80元

本书如有缺页、倒页、脱页等质量问题，请到所购图书销售部门联系调换

物 料 号　60183-00

新华三 1+X 职业技能等级证书配套系列教材
编审委员会

前言

1+X 证书制度是《国家职业教育改革实施方案》确定的一项重要改革举措，是职业教育领域的一项重要的制度创新。面向职业院校和应用型本科院校开展的 1+X 证书制度试点工作是落实《国家职业教育改革实施方案》的重要内容之一，为了使无线网络规划与实施职业技能等级标准顺利推进，帮助学生通过相应的职业技能等级认证考试，新华三技术有限公司组织编写了无线网络规划与实施中高级教材。本教材的编写遵循智能网络专业人才职业素养养成和专业技能积累规律，将职业能力、职业素养和工匠精神融入教材设计思路。

新华三技术有限公司作为数字化解决方案的领导者，致力于成为客户业务创新、数字化转型值得信赖的合作伙伴。作为紫光集团旗下的核心企业，新华三通过深度布局“芯－云－网－边－端”全产业链，不断提升数字化和智能化赋能水平。本书以《无线网络规划与实施职业技能等级标准》为编写依据，以新华三数据通信设备为平台，以网络工程项目为依托，从行业的实际需求出发组织全部内容。本书的特色如下。

1. 课证融通、校企双元开发

本书由新华三技术有限公司主编，围绕无线网络工程项目建设对无线网络地勘、工勘、设备安装与调试、管理与优化的工作任务要求，书中项目导入了新华三服务商的典型项目案例和标准化业务实施流程；编写团队按应用型人才培养要求和教学标准，将厂商和服务商的资源进行教学化改造，形成符合学习者认知特点的工作过程的系统化教材。

2. “项目贯穿、课产融合”，内容符合智能网络岗位技能培养要求

用业务流程驱动学习过程。本书围绕一个综合项目，按企业工程项目实施流程分解为若干工作任务。通过项目背景、需求分析、项目相关知识为任务做铺垫；任务实施过程由任务描述、任务操作和任务验证组成，符合工程项目实施的一般规律。

知识拓展具有延续性和复合型特征。编写团队精心设计了知识拓展内容，具体题目不仅考核本项目相关知识、技能和业务流程，还涉及初级技能等级标准相关知识与技能，符合企业项目的复合性实际，既巩固了知识和技能，还能让学生熟悉知识与技能，从而在实际场景中应用与实施业务流程。

本书可用于 1+X 证书《无线网络规划与实施（中、高级）》职业技能等级标准教学和培训，也可作为高等职业院校网络类课程的教材或者实验指导书，用来增强学生的网络知识、操作技能和职业素养。同时对于从事无线网络建设与运维的技术人员，也是一本很实用的技

术参考书。若作为教学用书，参考学时为 42 ～ 72 学时，各章节的参考学时如表 1 所示。

表 1 学时分配表

项目	参考学时
项目 1 无线网络产品及其应用场景	6 ～ 10
项目 2 新华三智慧园区智能无线网络的勘测与设计	6 ～ 10
项目 3 新华三智慧园区智能无线网络的部署与实施	6 ～ 10
项目 4 新华三智慧园区智能无线网络的性能评估	4 ～ 8
项目 5 新华三智慧园区智能无线网络的优化	4 ～ 8
项目 6 新华三智慧园区智能无线网络的维护与管理	6 ～ 10
项目 7 新华三医院住院部无线网络的优化	4 ～ 6
项目 8 新华三大厦无线网络的安全优化	4 ～ 6
课程考评	2 ～ 4
学时总计	42 ～ 72

本书配套有微课、PPT 课件、源代码、习题答案等数字化学习资源，学习者可以扫描书中二维码观看微课视频，还可发邮件至编辑邮箱 1548103297@QQ.com 获取配套教学资源。

由于编者水平和经验有限，书中难免存在不足及疏漏之处，恳请读者批评指正。

编 者

2024 年 2 月

目录

项目1　无线网络产品及其应用场景

1.1 项目背景 

随着无线城市等项目的逐步推进，无线网络覆盖项目在各行业全面铺开，我国将逐步实现无线网络城市全覆盖、城镇重点区域全覆盖。

部署无线网络是为了让用户能随时随地使用手机或者笔记本计算机等设备上网，拥有良好的上网体验。目前，在家庭、办公室、车站、会议室、体育馆等场所基本实现了无线网络覆盖。那么，在这些场所覆盖无线网络，使用的无线产品是不是都一样呢？显然，针对不同的无线网络覆盖的范围、人员密度、工作环境、接入带宽等需求，即不同的应用场景，厂商推出了不同的无线产品来解决无线网络覆盖问题。

在实际工作中，面对客户无线部署项目的具体需求，网络工程师需要根据无线应用场景选择合适的无线产品进行项目规划与设计，因此需要熟悉不同类型的无线产品和应用场景。

无线网络主要涉及以下产品：

① 无线接入控制器（Access Point Controller，AC）。

② 无线接入点（Access Point，AP），包括放装型无线 AP、面板式无线 AP、室外无线 AP、终结者无线 AP、轨道交通场景专用无线 AP 等。

③ 有源以太网（Power Over Ethernet，POE）供电设备，包括 POE 交换机、POE 电源注入器。

综合各类无线项目经验，本项目将重点介绍以下典型无线部署应用场景：

① 高校场景。

② 酒店场景。

③ 医疗场景。

1.2 项目相关知识

1. 无线 AC

无线 AC 是一种无线网络的核心设备，负责管理无线网络中的所有无线 AP，如下发配置、修改相关配置参数、射频智能管理、接入安全控制等。图 1-1 所示为无线 AC 产品 H3C WX3510H 的外观。

微课 1-1
无线网络产品
介绍

图 1-1 无线 AC 产品 H3C WX3510H 的外观

无线 AC 可以管理多个 AP，通常根据管理 AP 的数量、接入带宽、转发能力等指标的差异，厂商有多种型号供用户选择。常见的华三无线 AC 产品及其主要参数见表 1-1。

表 1-1 常见的华三无线 AC 产品及其主要参数

产品型号	吞吐量 /（$Gb \cdot s^{-1}$）	功耗 /W	最大 AP 管理数
WX3024H-F	2	40 ～ 70	128
WX3510H	4	86 ～ 160	256
WX5510E	10	86 ～ 160	512

2. 放装型无线 AP

放装型无线 AP 是无线局域网（Wireless Local Area Networks，WLAN）市场上通用性最强的产品之一。图 1-2 所示为放装型无线 AP 产品 H3C WA6638 的外观。WA6638 产品采用业界领先的新一代 802.11ax 协议，三频 12 流设计，整机接入速率最高可达 6 Gb/s，所有射频均支持多用户 - 多输入多输出（Multi-User.Multiple-Input Multiple-Output，MU-MIMO）。其中 5 GHz 射频采用 4 条空间流设计，支持 2.4 Gb/s 接入速率；2.4 GHz 射频采用 4 条空间流设计，支持 1.15 Gb/s 接入速率，非常适合室内高密度放装场景使用。

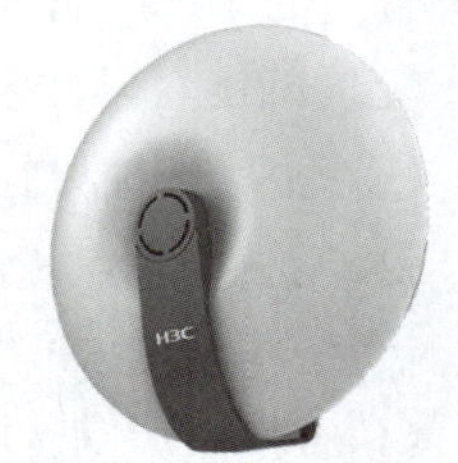

图 1-2 放装型无线 AP 产品 H3C WA6638 的外观

针对无线用户接入数、最高速率等性能指标，厂商推出了不同性能的产品。华三的放装型无线 AP 产品及其主要参数见表 1-2。

表 1-2 华三的放装型无线 AP 产品及其主要参数

产品型号	空间流	上行接口最高速率	工作频段	整机 802.11ax 最高速率	推荐 / 最大接入数
WA6638	5.1 GHz 4*4 MIMO+ 5.8 GHz 4*4 MIMO+ 2.4 GHz 4*4 MIMO	10G 电口	802.11ax/ac/n/g/b/a	2.4 Gb/s+ 2.4 Gb/s+ 1.15Gb/s	192/1536
WA6528	5 GHz 4*4 MIMO+ 2.4 GHz 4*4 MIMO	5G 电口	802.11ax/ac/n/g/b/a	4.8 Gb/s+ 1.15 Gb/s	128/1024
WA6320	5 GHz 2*2 MIMO+ 2.4 GHz 2*2 MIMO	1G 电口	802.11ax/ac/n/g/b/a	1.2 Gb/s+ 0.575 Gb/s	128/1024

放装型无线 AP 一般安装在室内，在有吊顶环境的室内部署时，通常采用吊顶安装，其他环境通常采用壁挂式安装。

3. 面板式无线 AP

面板式无线 AP 是一款胖瘦一体化迷你型无线接入点，它采用国标 86 mm 面板设计。常见的面板式无线 AP 外观如图 1-3 所示。

图 1-3 面板式无线 AP

在无线网络建设中，常常会遇到一些单位已经部署了有线网络。由于无线网络的部署也需要进行综合布线工程，施工较为麻烦且有可能破坏原有的室内外装饰，因此很多用户希望能利用原有的有线网络进行无线扩容。这样，既能满足增加无线网络覆盖的需求，又能确保原有有线网络的正常使用。

POE 也被称为基于局域网的供电系统，它可以利用已有以太网线缆传送数据，同时还能提供直流供电。由于它在部署弱电系统时可以避免部署强电，因此被广泛应用于 IP 电话、网络摄像机、无线 AP 等基于 IP 的终端。

因此，基于 POE 技术，可以利用原有有线网络来部署无线网络，整个安装过程只需要以下 3 步就能快速实现无线网络覆盖。

① 更换楼层配线间的交换机为 POE 交换机或者增加 POE 电源注入器。

② 拆去房间内原有的有线网络的接口面板。

③ 将原有网线插在面板式无线 AP 上。

POE 打破了以往无线网络建设的老旧方式，无须部署新的网线，有效利用了既有网络，将网络新建对实际环境的影响降到最低。

面板式无线 AP 的性能和它的大小成正比，属于仅供少量用户在较小区域接入的无线产品。针对酒店、办公室、宿舍等不同应用场所，厂商推出了不同类型的产品。华三的主要面板式无线 AP 产品及其主要参数见表 1-3。

表 1-3 华三的面板式无线 AP 产品及其主要参数

产品型号	空间流	上行接口最高速率	下行接口数量	工作频段	整机 802.11ax 最高速率	推荐 / 最大接入数
WA6520H	5.1 GHz 4*4 MIMO+ 5.8 GHz 4*4 MIMO+ 2.4 GHz 4*4 MIMO	10G 电口	4 个	802.11ax/ac/n/g/b/a	2.4 Gb/s+ 2.4 Gb/s+ 1.15 Gb/s	192/1536
WA6320H	5 GHz 2*2 MIMO+ 2.4 GHz 2*2 MIMO	1G 电口	4 个	802.11ax/ac/n/g/b/a	1.2 Gb/s+ 0.575 Gb/s	128/1024
WA6322H-HI	5 GHz 2*2 MIMO+ 2.4 GHz 2*2 MIMO	1G 电口	1 个	802.11ax/ac/n/g/b/a	2.4 Gb/s+ 0.575 Gb/s	128/1024

4. 室外无线 AP

室外无线 AP 一般采用全密闭防水、防尘、阻燃外壳设计，适合在极端的室外环境中使用，可有效避免室外恶劣天气和环境的影响，并适应北方寒冷天气与南方潮湿天气环境对设备的苛刻要求。

室外无线 AP 适合部署于体育场、校园、企业园区、运营热点等室外环境，一般采用抱杆式安装，包括室外 AP 主机、定向天线、全向天线和防雷器，其构成如图 1-4 所示。

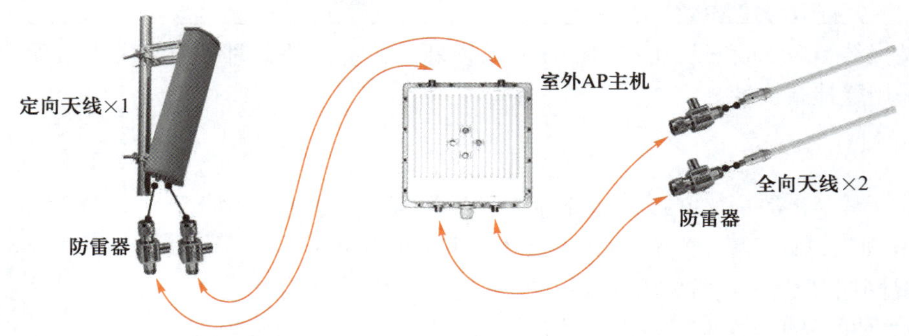

图 1-4 室外无线 AP 的构成

室外无线 AP 可以部署在楼顶或者楼宇中部，结合全向天线和定向天线一起使用。在楼顶安装室外无线 AP，如图 1-5 所示；在楼宇中部安装室外无线 AP，如图 1-6 所示。

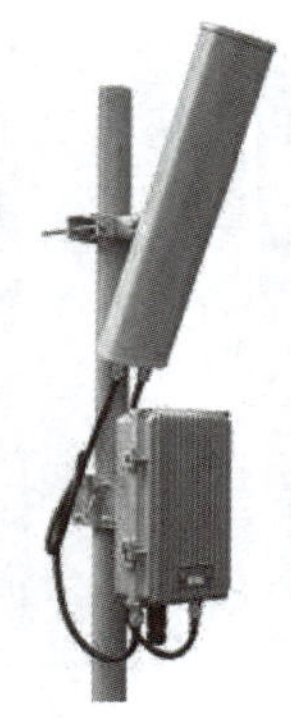

图 1-5 在楼顶安装室外无线 AP

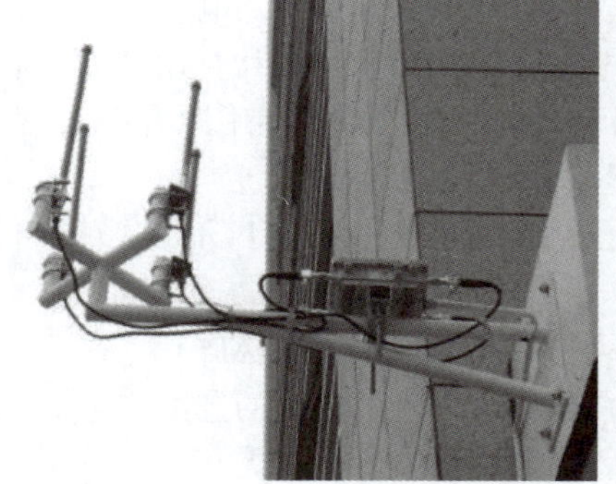

图 1-6 在楼宇中部安装室外无线 AP

针对无线用户接入数、最高速率等性能指标，厂商推出了不同性能的产品。华三的室外无线 AP 产品及其主要参数见表 1-4。

表 1-4 华三的室外无线 AP 产品及其主要参数

产品型号	空间流	上行接口最高速率	工作频段	整机 802.11ax 最高速率	推荐 / 最大接入数
WA6630X	5 GHz 4*4 MIMO + 5 GHz 4*4 MIMO+ 2.4 GHz 2*2 MIMO	10G	802.11ax/ac/n/g/b/a	2.4 Gb/s+ 2.4 Gb/s+ 1.15 Gb/s	192/1536
WA6620X	5 GHz 2*2 MIMO+ 2.4 GHz/5 GHz 2*2 MIMO	1G	802.11ax/ac/n/g/b/a	1.2 Gb/s+ 0.575 Gb/s	128/1024

5. 终结者 AP

在一些高密度覆盖的项目中，如果部署 3 个以上 AP，AP 间的相互干扰将导致无线网络访问性能下降。例如，在宿舍或酒店进行无线网络覆盖时，用户在走廊部署了 4 个 AP，如图 1-7 所示。

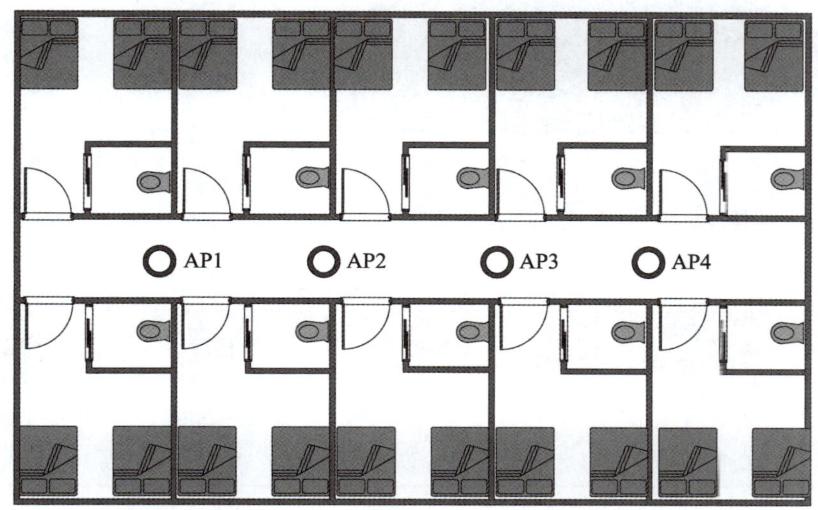

图 1-7 宿舍或酒店放装型无线 AP 点位设计示意图

图 1-7 中的 AP 点位设计将导致以下问题：

① 走廊是一个相对密闭的空间，无线信号除了可以直接覆盖外，还可以通过有效的反射覆盖整个走廊。由于这 4 个 AP 至少有两个处在同一个频段（2.4 GHz），因此，这两个同频段的 AP 发射的信号将高度重叠并导致严重的信号冲突。

② 房间内用户接入走廊 AP 时需要穿过厚重的墙壁，信号较弱，用户接入速率较低。如果同时接入的用户数较多，那么接入速率将更低。

由此可知，在教室、宿舍、酒店等大面积长条型无线覆盖场景中，若在走廊部署 3 个以上放装型无线 AP 是不合理的。如果改为采用面板式无线 AP，在每个房间里部署一个面板式无线 AP，那么就可以避免走廊信号冲突和房间信号弱、接入速率低的问题。

在无线信号覆盖方面，华三无线终结者方案类似面板式 AP，它由无线终结者（Wireless Terminator，WT）、无线终结单元（Wireless Terminator Unit，WTU）和 AC 组成。WT 支持 POE 供电，可以直连多个 WTU 部署到室内。WT 和 WTU 之间使用网线连接，AC 以管理 AP 的方式直接管理 WT、WTU，集中处理业务转发。华三无线终结者 AP 的 H3C WTU630H 无线终结单元是新华三技术有限公司（H3C）自主研发的新一代 802.11ax AP 产品，采用整机双频 4 流设计。WTU630H 支持壁挂、吸顶以及 86 盒等多种安装方式，适用于学校宿舍、医院病房、酒店房间等各种密集房间场所，解决在这些场景传统 AP 布放方式信号质量不佳的问题，并极大地减少安装成本以及实施时所带来的运营成本，满足未来入室场景终端及应用需求。WT 本体产品如图 1-8 所示，WTU 产品如图 1-9 所示。

图 1-8 WT AP 本体产品

图 1-9 WTU 产品

华三主要的无线终结者产品见表 1-5、表 1-6。

表 1-5 华三的无线终结者 AP

产品型号	最多分体数	最多用户数	总吞吐量	上行接口	下行接口
终结者 AP 本体 WT1024-X-HI（无线终结者）	24	4096	128 $Gb\cdot s^{-1}$	2 个 SFP+/SFP 自协商端口	24 个千兆 WTU 口，支持 POE 供电

表 1-6 华三的无线终结单元

产品型号	空间流	上行接口最高速率	下行接口数量	支持协议	整机最高速率	推荐 / 最大接入数
无线终结单元 WTU630H	5 GHz 2*2 MIMO+ 2.4 GHz 2*2 MIMO	1G	4 个	802.11ax/ac/n/g/b/a	1.2 $Gb\cdot s^{-1}$+ 0.575 $Gb\cdot s^{-1}$	128/1024

6. 无线网络定位应用

无线 Wi-Fi 网络的 AP 点分布比较密集，且离用户相对比较近，同时基于 AC 的集约化管理，构成了一套比较方便的终端定位承载系统。无线定位的应用非常广泛，在商业价值分析、资产管理、人员安全管理以及物联网应用中逐渐体现出价值。进行无线定位应用的分析和无线网络部署指导，可以保障无线定位工作的高质量交付。

（1）基于位置信息的商业价值应用

位置信息在大数据内容要素中非常重要，因为它是空间性质的信息，是所有实体与生俱来都具备的一个属性，其在商业价值方面的应用是无线网络商业化变现的一种有效方式，因此通过无线定位方式获取终端的位置信息具有广阔的应用空间。

位置信息在商业领域具有非常高的数据价值，而其可以通过 AP 间的配合产生，并送入商业价值分析体系中进行增值加工，最后通过广告推送、热图分析、店铺数据分析等形式进行应用呈现。

（2）基于活动资产的位置监管应用

资产管理属于系统性安全的一个范畴，多数通过监管方式实现，但对于活动资产，比如医疗行业的检测仪器、印刷行业的机器或某些行业的精密测试仪器，只通过监控视频是无法可靠实现监管目的的，而是需要通过实时反馈来进行跟踪监控。

基于活动资产的位置要素进行提取跟踪，可以很好地实现对重要资产的监管，而位置要素可以通过 Wi-Fi 系统的 AP 设备配合实现反馈，然后通过呈现系统并结合地理位置视图进行实时反馈和告警生成。如果将人看作一种资产，人的定位也是能够通过手持终端或者相应的电子标签的位置定位来实现的。

（3）基于用户移动轨迹的记录状态应用

用户的定点位置信息非常有用，活动轨迹也同样具有较大的应用价值，比如每年春运期间的人流轨迹分析、每天的航班飞向分析以及航运轨迹分析，这些活动轨迹分析可以用于经济活跃度分析及市场预测。同样，对于 Wi-Fi 网络在室内的定位功能，可以记录和描述出终端的移动轨迹，进而形成场景下的价值发现。

基于用户移动的位置连续记录，形成的轨迹可以描述用户的一个动态连续状态，这种信息可以用来与监控、位置点定义、方向等元素进行结合分析，从而产生利用用户行为轨迹进行价值提升的应用。

7. 常见方案设计介绍

（1）无线网络整体方案设计

无线网络整体方案的设计直接影响网络部署品质的高低，同时也直接决定了后期网络建设的整体效率。关注无线网络整体方案的合理性、可实施性以及效率控制设计，有助于实现在项目前端进行全流程无线高品质交付的规划设计保障。

1）设计理念

无线网络整体设计方案是除了勘测工作所涉及的覆盖部署方案外，还包括组网、资源配置、业务模式等其他方面的一项全面整理和设计工作，必须把握正确的设计理念。

在战略上以用户为轴线，基于时间和空间两个维度进行网络建设设计；在时间上既要满足用户当前的业务需求，又要基于长远在业务成长性方面做出考量和准备；而在空间上则旨在满足用户场景下的无线建设品质的保障，即在产品、技术及资源等各方面做出最优化方案规划。

在战术上以实用为主要目标，围绕用户需求及项目需要，结合用户场景并吸取行业实践经验进行方案推荐设计；紧扣方案设计要素，并围绕要素进行展开，以期丰满和全面地实现方案。

2）核心要素

无线网络整体方案不只是体系架构上的设计以及技术高度的把握，还需要丰富的内容，这主要包括无线网络组网和产品配置设计、无线信号部署方式设计、无线网络整体资源配置设计、无线网络合理性及先进性技术方案设计等核心要素。

3）部署方式

无线勘测设计的主要工作就是确定无线信号的部署方案，这是无线整体设计方案中的一部分，且是非常关键和重要的组成内容。

信号部署方式的设计基本上是无线勘测工作的主体内容，即确定满足用户现场无线业务需求所需的 AP 类型、数量、位置及相关附件配置，而这些要素的确定必须建立在已经完成现场的勘测前提下，否则信号部署方案不可靠。

4）整体方案资源配置设计

无线整体方案中的资源配置设计是开展后续网络建设的必备前提条件，必须进行清晰的描述和规划，否则将直接影响项目开展。与有线网络类似，无线网络涉及的业务逻辑类资源同样需要提前规划，不同的是无线网络增加了一些无线的特性参量，如服务集标识（Service Set Identifier，SSID）、信道、无线接口等。

5）合理性及先进性

合理性及先进性属于延展性的设计要求，旨在满足用户当前业务的同时，还能关注用户业务的发展动态，以及最大限度地适应用户未来可能的业务模式，是一项比较高级的设计内容。合理性及先进性主要是在宏观上整体把控方案，评估方案对于未来业务成长性方面的支撑作用，以及方案的先进性在满足用户需求方面是否具有优势。

（2）无线网络业务方案设计

无线网络业务方案设计包括网络开局及验收工作，是无线网络部署工作中最基础的环节，也是无线网络工程师基本功的体现阶段。起于项目开局，止于项目验收，首尾节点的工作是整个项目得以实现高品质闭环的保障。

1）开局准备工作

开局是搭建基础逻辑业务的工作，必须建立在正确的无线硬件设备部署安装基础之上，如果没有正确的工程施工界面，开局配置和功能实现再好也无济于事。因为 AP 等硬件部署和安装的合理性和规范性会直接影响信号的覆盖效果和终端使用体验，所以在开局前必须确保完成工程施工合理性和规范性检查。

开局是落实方案设计的阶段，所以需要对照方案设计所需的各类资源进行到位确认，对于没有准备好或者无法及时到位的，进行补救或者采用替换方案，以保证满足开局所需要的各类资源。

2）开局实操工作

开局前梳理可能涉及的各项工作事项，进行开局预演，将可能涉及的工作考虑周全，没有考虑到的及时补充，同时要对工程师的交付能力进行评估。如果不具备相关开局能力，要及时学习、寻求帮助或者更换交付人员，杜绝隐患。

开局能力建立在工程师对无线理论知识、无线产品功能和配置操作技能、无线勘测和部署原则及设计理念、无线优化理论的掌握及无线故障问题排错思路的理解等知识技能的基础之上，因此，除了梳理应做事情之外，对于自身能力也要客观评估，以便及时采取补救措施。

开局工作不仅对于服务提供方来说是一件很重要的事情，而且对于客户也是一件非常关键的事情，毕竟开局意味着支撑客户未来业务的无线网络管道即将搭建，其进展直接影响后续的业务开展。

3）开局基本测试

开局工作包括了功能实现的配置部署和验证工作，没有验证无法确保功能配置已生效或者正确。基本测试是确保开局配置正确的验证工作，需要认真对待。测试项目的选择设计可以根据项目的特点和需求而定，不能一成不变地采用同一套验证方案。

信号覆盖和终端关联是无线网络品质中最基本的内容，是无线网络开局配置后最应该首先关注的验证项目。一是信号覆盖是无线网络发挥性能和功能实现的前提条件，二是终端关联是终端和 AP 相互交互以及发生关系的前提条件，由于这两个前提条件的重要性，所以应首先关注这两项的验证结果。

4）项目验收工作

验收工作需要甲乙双方参与，且需要按照验收方案前往现场进行验收，所以必须在验收交付前进行沟通确认，并在相关条件具备的情况下开展。

验收不仅是客户检验厂家设备工作是否满足用户业务需求的工作，而且是厂商确认完成项目交付的阶段性工作，所以严格进行验收工作对于甲乙双方都有好处。验收工作的最关键环节就是验收指标的标准确定和控制，对于验收数据达不到标准的进行如实记录，然后分析原因，闭环调整优化，直至验收通过。

验收工作完成后，需要将验收工作的测试数据、结果和形成的结论，以及后续的闭环优化方案和二次验收规划等内容进行整理总结。验收工作须根据用户的需要，对客户相关业务接口人进行正式汇报，提交验收报告，并对后续工作进行磋商，做出规划安排。

（3）无线合路系统方案设计

在运营商 WLAN 建设过程中，室内分布系统合路方式以其施工方便、投资小、部署快等优点被广泛采用。WLAN 室分合路系统很好地利用了运营商原有网络天馈系统（如 GSM、CDMA 等）资源，可便捷快速地完成 WLAN 的建设。

无线合路系统是将 WLAN 系统的无线信号通过合路器馈入其他无线网络（如 PHS、GSM、LTE 等）的天馈系统，实现以两个无线网络共用天馈系统的方式，达到覆盖目标区域的目的。在合路系统中，由于天馈系统要传输两个无线网络不同频段的无线信号，所以需要保证整个天馈系统（包括馈线、射频器件、天线等）的工作频段能够满足二网合一的要求，必要时需要对原有的天馈系统进行扩频改造。无线合路系统组成如图 1-10 所示。

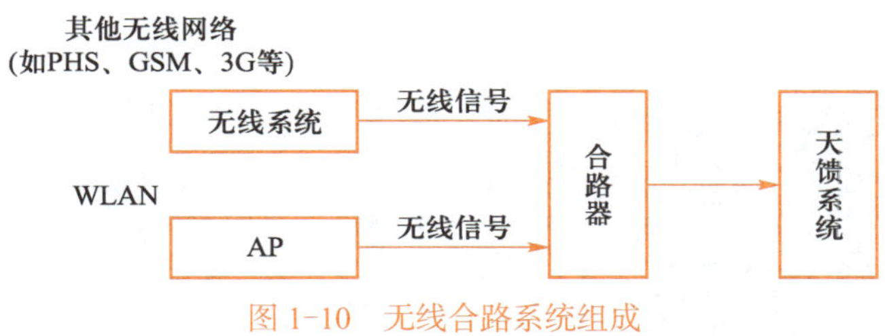

图 1-10 无线合路系统组成

（4）无线网络高密场景方案设计

现如今用户密度较高的场景越来越多，无线网络高密场景的研究对于无线网络意义重大，具有规律性指导意义。高密场景既是无线网络较受欢迎的场所，也是无线网络较难满足用户需求的场所，两者之间的矛盾决定了这种场景无线部署的难度和复杂度。无线高密场景大致可以分成以下三类：

① 大空域封闭空间，如机场、火车站及展览中心等。

② 中型空域场景，如图书馆、报告厅及俱乐部等。

③ 人员随机性流动的场景，如商圈、酒店宴会厅等。

无线高密场景是应用价值的高地，成为众多无线厂商的重点目标区域，其原因如下：

① 无线高密场景下终端密度大，无线访问网络的业务集中度高。

② 人员密集的场景一般具备非常强的业务吸引力，否则无法聚集大量人员。这种场景下的业务需要更高品质的无线网络予以保障。

③ 高密场景下的无线接入压力大，不管是 3G/4G 还是 Wi-Fi，哪一种无线接入能够更好地满足要求，哪一种方式则有望得到青睐而固化。

高密的概念主要体现在用户终端在无线覆盖区域内的密集分布，这种密集的状态直接造成了无线网络各个环节的资源状况分配不足，进而影响了性能发挥。高密场景从无线网络要素分解的角度来看，其呈现资源要素比较拥挤的状态，比如 AP 接入用户数较多、AC 管理 AP 数较多、AP 上带宽拥塞状况偏多、账号带宽不足及 AP 上联有线带宽利用率较高等情况。资源要素会直接和间接影响终端用户使用网络的流畅感和体验，同时对于设备也构成负荷压力，不管是 AP 接入用户的数量和流量冲击，还是 AC 的功能单元（CPU、内存等）负荷，都具有比较明显的资源占用倾向。

1.3 项目实践

任务 1-1 高校无线网络应用

高校需要部署的区域主要有教师办公室、普通教室、阶梯教室、图书馆、礼堂、学生宿舍、食堂、户外等。本任务将选择几个典型场景进行分析并给出 AP 部署建议。

1. 教师办公室

教师办公室场景如图 1-11 所示。

微课 1-2
无线网络产品应用场景

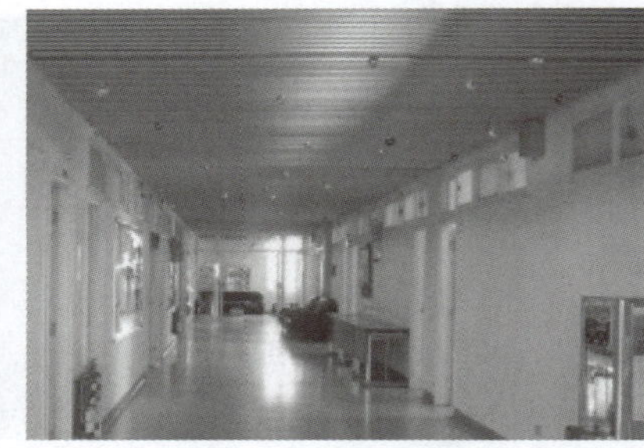

图 1-11 教师办公室场景

（1）场景特点

① 建筑格局：主要分为两种格局，多窗通透型和无窗封闭型（窗户在房间的内侧，对着室内走廊）。

② 应用类型：门户网站、办公自动化、视频点播等。

③ 终端类型：智能手机及笔记本计算机。

④ 并发数量：通常每个办公室在 15 人以下，限制速率为 4 Mb/s。

（2）推荐方案

① 多窗通透型部署方案：采用放装部署方式，每两间办公室中间吸顶安装于横梁上，双边办公室则考虑在对门 4 间办公室中间安装。注意，走廊安装不能超过 3 个 AP，如果超过，

则将 AP 安装到室内。

② 无窗封闭型部署方案：采用面板式 AP，每个办公室安装一个 AP。

③ AP 选型：该场景部署属于低密度部署，放装型 AP 根据无线接入性能可以选择 WA6320、WA5320 等，面板式 AP 根据需求可以选择 WA6320H、WA5320H 等。

④ 供电方案：POE 供电。可以选择 POE 交换机 S5120-28P-HPWR-SI 或 S3100V2-8TP-PWR-EI，如果预算充足，建议统一使用 S5120-28P-HPWR-SI，以便于后续扩容。

（3）注意事项

放装型 AP 吊顶安装时，需考虑吊顶材质。若为无机复合板、石膏板，信号衰减较小，可安装于吊顶内；若为铝制板，信号衰减较大，建议安装于天花板下。

2. 普通教室

普通教室场景如图 1-12 所示。

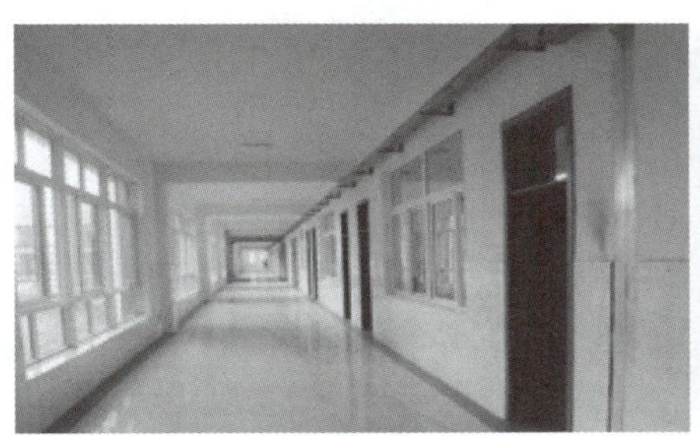
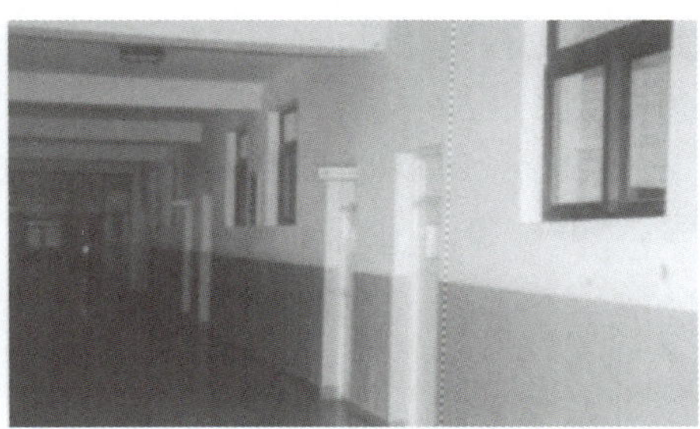

图 1-12　普通教室场景

（1）场景特点

① 建筑格局：玻璃大窗、教室通透、40 ～ 80 个座位。

② 应用类型：社交软件、门户网站、搜索、校园信息化系统等。

③ 终端类型：智能手机为主，少量笔记本计算机。

④ 并发数量：通常按座位数的 50% ～ 60% 计算，限制速率为 2 Mb/s。

⑤ 其他需求：访问控制列表（Access Control List，ACL）等特殊需求需和校方确认。

（2）推荐方案

① 部署方案：该场景部署属于高密度部署，可以采用放装型 AP，每两间教室部署一个 AP，吸顶安装于两间教室中间的墙壁上，或者在走廊部署。注意，走廊部署数量不能超过 3 个 AP。

② AP 选型：放装型 AP 根据无线接入性能可以选择 WA6320、WA5320 等。

③ 供电方案：POE 供电，可以选择 POE 交换机 S5120-28P-HPWR-SI 或 S3100V2-8TP-PWR-EI，如果预算充足，建议统一使用 S5120-28P-HPWR-SI，以便于后续扩容。

（3）注意事项

如果教室窗户较小、教室相对封闭，建议增加信号覆盖效果实地测试环节。

3. 阶梯教室、图书馆

阶梯教室场景如图 1-13 所示，图书馆内景如图 1-14 所示。

图 1-13 阶梯教室场景

图 1-14 图书馆内景

（1）场景特点

① 建筑格局：空间开阔，阶梯教室座位数为 100 ～ 300 个，图书馆不同区域座位数量不同，有柱子和书架等障碍物。

② 应用类型：社交软件、门户网站、搜索引擎、校园信息化系统。

③ 终端类型：智能手机、笔记本计算机。

④ 并发数量：阶梯教室通常按座位数的 50% 计算，图书馆按座位数的 60% ～ 70% 计算，限制速率为 2 Mb/s。

（2）推荐方案

① 部署方案：该场景部署属于高密度部署，可以采用放装型 AP。每间教室部署 1 ～ 3 个 AP，图书馆优先考虑阅读区信号覆盖。

② AP 选型：放装型 AP 根据无线接入性能可以选择 WA6320、WA5320 等。

③ 供电方案：POE 供电，可以选择 POE 交换机 S5120-28P-HPWR-SI 或 S3600V2-52TP-PWR-EI，如果预算充足，建议统一使用 S5120-28P-HPWR-SI，以便于后续扩容。

（3）注意事项

放装型 AP 吊顶安装时，需考虑吊顶材质。若为无机复合板、石膏板，信号衰减较小，可安装于吊顶内；若为铝制板，信号衰减较大，建议安装于天花板下。

4. 大礼堂

大礼堂室内场景如图 1-15 所示。

图 1-15 大礼堂室内场景

（1）场景特点

① 建筑格局：空间非常宽敞，座位密集，600 ～ 800 个座位。

② 应用类型：社交软件、门户网站等。

③ 终端类型：以智能手机为主。

④ 并发数量：通常按座位数的 50% ～ 60% 计算，限制速率为 2 Mb/s。

（2）推荐方案

① 部署方案：该场景部署属于高密度部署，可以采用放装型 AP，根据大礼堂和体育馆大小应部署 3 个以上 AP，AP 安装位置可以是吊顶内，也可以是座位下方。

② AP 选型：放装型 AP 根据无线接入性能可以选择 WA6320 等高配置产品。

③ 供电方案：POE 供电，可以选择 POE 交换机 S5120-28P-HPWR-SI 或 S3100V2-8TP-PWR-EI，如果预算充足，建议统一使用 S5120-28P-HPWR-SI，以便于后续扩容。

（3）注意事项

在该方案中，每个 AP 周围都有大量的用户接入，且 AP 之间可能负载不均，同时由于 AP 间距较小，AP 间会产生较大的同频干扰。因此在部署中，可以调整 AP 的发射功率，减小 AP 的覆盖范围，以降低同频干扰；同时应设置 AP 接入用户数量的上限，并开启负载均衡。

5. 学生宿舍

学生宿舍场景如图 1-16 所示。

图 1-16 学生宿舍场景

（1）场景特点

① 建筑格局：房间密集，混凝土墙体厚，相对封闭。

② 应用类型：门户网站、网游、视频、下载、搜索引擎、校园信息化系统。

③ 终端类型：智能手机、笔记本计算机。

④ 并发数量：每个房间 4 ～ 8 人，每个用户限制速率为 3 ～ 4 Mb/s。

（2）推荐方案

① 部署方案：该场景部署属于高密度部署，宿舍通常为狭长型，不适合采用走廊放装型无线 AP 部署，可以采用 WT 方案。如果预算充足，也可以采用面板式无线 AP，每间宿舍安装一个。

② AP 选型：根据无线接入性能可以选择 WT1024-X-HI 和 WTU430H。

③ 供电方案：POE 供电，可以选择 POE 交换机 S5120-28P-HPWR-SI 或 S5120-9P-PWR-SI，如果预算充足，建议统一使用 S5120-28P-HPWR-SI，以便于后续扩容。

6. 校园户外区域

教学楼广场和体育场如图 1-17 所示。

图 1-17 教学楼广场和体育场

（1）场景特点

① 建筑格局：空旷，“地广人稀”。

② 应用类型：社交软件、手机新闻软件。

③ 终端类型：智能手机。

④ 并发数量：并发人数不定，通常以信号覆盖为主，实际长时间逗留在该区域上网的人数不多。

（2）推荐方案

① 部署方案：该场景部署属于无线覆盖优先项目，以信号覆盖为主，接入用户数较少。考虑其为户外覆盖项目，通常采用室外 AP，并将其安装于楼顶或周边较高的灯杆上，在目标覆盖区域中央与室外 AP 之间视距内无遮挡物，按照全向天线半径 150 m，定向天线 200 m 距离水平波瓣 60° 参考指标进行覆盖。

② AP 选型：室外 AP 根据无线接入性能可以选择 WA6630X、WA5630X 等室外 AP，并根据 AP 位置和覆盖区域选择定向天线或全向天线。

③ 供电方案：POE 电源注入器供电或楼层 POE 交换机供电。

（3）注意事项

选择室外 AP 安装位置时，尽可能选择相对较高的位置，从上往下覆盖，且尽可能确保目标覆盖区域中央与室外 AP 之间视距内无遮挡物，否则覆盖效果大打折扣。

任务 1-2 酒店无线网络应用

酒店需要部署的区域主要有客房、大堂、会议室等。本任务将选择两个典型场景进行分析并给出 AP 部署建议。

1. 客房

客房走廊及室内场景如图 1-18 所示。

图 1-18　客房走廊及室内场景

（1）场景特点

① 建筑格局：房间密集，靠近走廊侧无窗，卫生间通常位于入门左右侧，基本每个房间均有有线网络接口。

② 应用类型：各类应用均有可能。

③ 终端类型：智能手机、平板电脑、笔记本计算机。

④ 并发数量：每个房间 1 ～ 2 人，限制速率为 4 Mb/s。

（2）推荐方案

① 部署方案：面板式 AP。若预算充足，则建议每个房间部署一个 AP；若预算不足，则需现场实测，单个 AP 通常最多可兼顾相邻的两个房间。

② AP 选型：面板式 AP，如 WA6320H、WA5320H。

③ 供电方案：POE 供电，可以选择 POE 交换机 S5120-28P-HPWR-SI 或 S3100V2-8TP-PWR-EI，如果预算充足，建议统一使用 S5120-28P-HPWR-SI，以便于后续扩容。

（3）注意事项

选取 WA6320H 安装点位时，需避免安装在电视机后面或被其他电器、金属遮挡。如果一个 AP 同时覆盖两个房间，建议在另一个房间做现场测试，以确保信号覆盖质量。

2. 大堂

酒店大堂内景如图 1-19 所示。

图 1-19　酒店大堂内景

（1）场景特点

① 建筑格局：空旷，一般可分为前台、休息区。

② 应用类型：社交软件、手机新闻软件。

③ 终端类型：智能手机、平板电脑、笔记本计算机。

④ 并发数量：并发数不定，主要满足休息区人员上网所需，以信号覆盖为主。

（2）推荐方案

① 部署方案：该场景部署属于无线覆盖优先项目，以信号覆盖为主，接入用户数较少，可以采用放装型 AP，要求外观美观，AP 安装位置前方无遮挡，根据酒店大堂面积，选择合适的 AP 个数即可。

② AP 选型：放装型 AP，如 WA6320、WA5320。

③ 供电方案：POE 供电，可以选择 POE 交换机 S5120-28P-HPWR-SI 或 POE 电源注入器。

任务 1-3 医疗无线网络应用

医院需要部署的区域主要有住院区、手术室、门诊区、办公区等。本任务将选择两个典型场景进行分析并给出 AP 部署建议。

1. 住院区

住院区内景如图 1-20 所示。

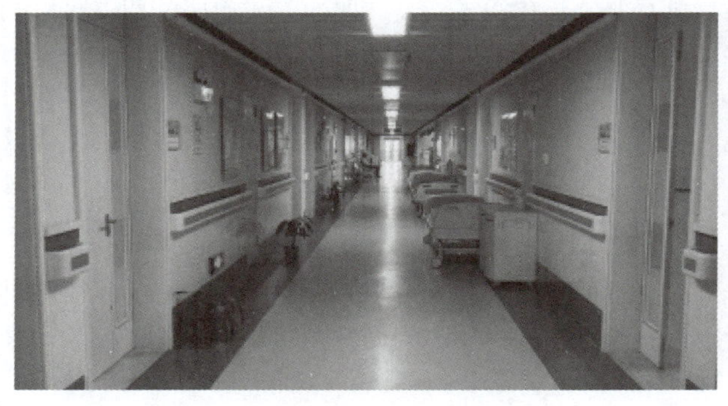

图 1-20 住院区内景

（1）场景特点

① 建筑格局：房间密集，靠近走廊侧无窗，卫生间通常位于入门左右侧。

② 应用类型：移动医护查房系统，对带宽要求不高，但对丢包敏感。

③ 终端类型：平板电脑居多，少量笔记本计算机。

④ 并发数量：每个科室 8 ~ 10 台平板电脑，二三台笔记本计算机，并发率为 60% ~ 70%。

（2）推荐方案

① 部署方案：若院方无病人上外网的需求，则考虑使用华为零漫游一代解决方案；若院方有病人上外网的需求，则考虑使用华为零漫游二代解决方案。通常一个病区部署一套即可满足医护业务所需。

② AP 选型：WT AP 本体选择 WT1024-X-HI，WTU 选择 WTU430H、WTU630H。

③ 供电方案：POE 供电，可以选择 POE 交换机 S5120-28P-HPWR-SI 或 S3100V2-8TP-PWR-EI，如果预算充足，建议统一使用 S5120-28P-HPWR-SI，以便于后续扩容。

（3）注意事项

移动医护查房系统对带宽要求不高，但对丢包敏感，丢包会导致平板电脑移动医护软件业务卡顿，因此在方案选型时应避免出现漫游丢包问题（如多 AP 部署方式容易出现该问题）。此外，平板电脑对信号要求较高（-60 dBm 以上），因此远端单元要尽可能伸到病房中间，开通测试时，尽量采用医用掌上电脑（Personal Digital Assistant，PDA）设备进行测试。

2. 手术室

手术室内景如图 1-21 所示。

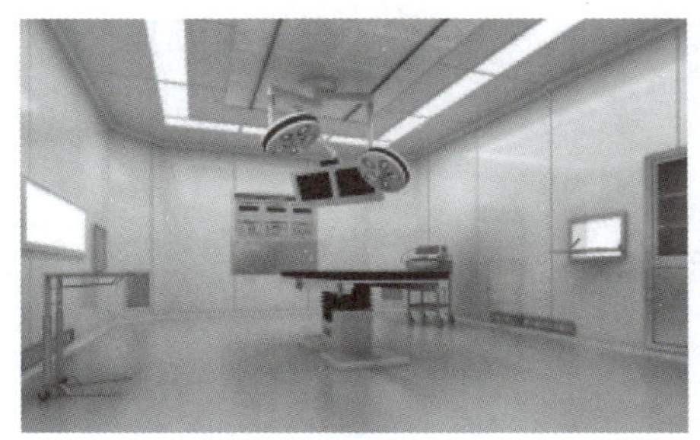
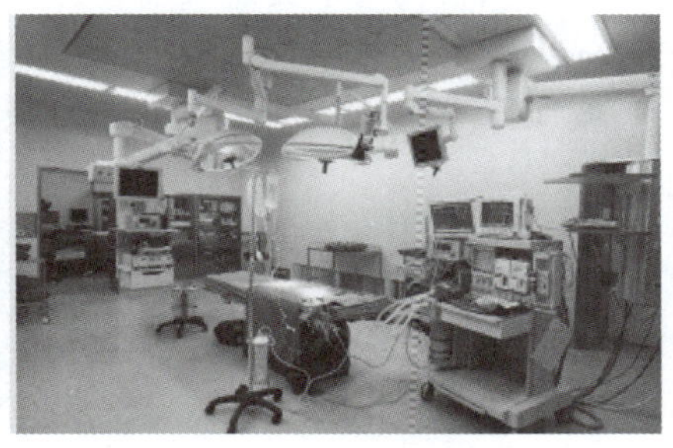

图 1-21　手术室内景

（1）场景特点

① 建筑格局：房间密闭性高，对防菌、安全级别要求很高，不允许施工动作。

② 应用类型：医疗无线应用。

③ 终端类型：医疗无线终端。

④ 并发数量：每个房间一二台终端。

（2）推荐方案

① 部署方案：面板式 AP，在原有网线接口的基础上进行面板替换，尽可能减少施工对原环境的影响。

② AP 选型：面板式 AP，如 WA6320H。

③ 供电方案：POE 供电，可以选择 POE 交换机 S5120-9P-PWR-SI 或 S5120-28P-HPWR-SI，如果预算充足，建议统一使用 S5120-28P-HPWR-SI，以便于后续扩容。

1.4 项目习题

1. 学校新建了一个羽毛球馆，可容纳 5000 名观众，以下适合部署在球馆内的 AP 类型是（　　）。

A. 放装型 AP　　B. 面板式 AP　　C. 敏捷分布式 AP　　D. 室外 AP

2. H3C 室外型 AP 的射频接口类型是（　　）。

A. N 型公头　　B. N 型母头　　C. SMA 公头　　D. SMA 母头

3. 当无线客户端检测不到信号时，可能的原因有（　　）。（多选）

A．客户端错误设置　　B．AP 信号弱

C．AP 配置有误　　D．AP 与网卡工作模式不同

4．酒店无线场景应用中，用户无线上网的典型特征或要求是（　　）。（多选）

A．用户密度低　　B．并发用户少

C．覆盖区域小　　D．要求用户相互隔离

5．校园网无线场景中，用户无线上网的典型特征或要求是（　　）。（多选）

A．用户密度高　　B．并发用户数高

C．内网流量较大　　D．外网流量较大

6．室内无线覆盖，为了美观可以选择的天线类型是（　　）。

A．杆状天线　　B．抛物面天线

C．吸顶天线　　D．平板天线

项目 2　新华三智慧园区智能无线网络的勘测与设计

2.1　项目背景

新华三智慧园区会展中心应参展活动需求搭建无线网络环境，以便支持即将开展的会展活动。展会区域是面积为 5000 m^2 的开阔空间，分为两个展区，展会人流量预计为 300 人 /h，接入密度较大。同时，展会还提供无线视频直播服务，该应用对 AP 的吞吐性能有较高要求。为此，主办单位决定在参展区域使用无线网络进行网络覆盖。新华三公司派工程师到会展中心进行现场勘察，并输出项目建设评估方案。

2.2　需求分析

一个新建无线网络项目的部署，首先需要到现场进行勘察，获取需要进行无线网络覆盖的建筑平面图，具体涉及以下工作任务：

① 获取建筑平面图。

② 确定覆盖目标。

③ AP 选型。

④ AP 点位设计。

⑤ AP 信道规划。

⑥ 无线复勘。

⑦ 输出 WLAN 工勘设计方案。

2.3 项目相关知识

微课 2-1
获取建筑平面图

1. 建筑平面图

获取建筑平面图有以下方法：

① 通过基建等部门获取电子建筑平面图（一般为 VSD 或 CAD 格式）。

② 通过信息化等部门获取图片格式的建筑平面图。

③ 通过档案中心等部门获取建筑平面图纸。

④ 找到楼层消防疏散图。消防疏散图用于标注楼层的消防通道，一般张贴在楼层最明显的位置，在无法直接获得建筑平面图的情况下，可以对它进行拍照，然后在此基础上进行建筑平面图的绘制。

⑤ 手绘草图。若以上几种方法都行不通，只能到客户现场进行现场测绘。现场测绘需要准备好激光测距仪、卷尺、笔、纸等工具。

通常，获取的建筑平面图需要进一步处理成适合网络工程使用的图纸。网络工程图纸特点如下：

① 建筑平面图需要完整的尺寸标注，精确度在 20 cm 以内。

② 需要绘制完整的墙、窗户、门、柱子、消防管等影响无线覆盖及与综合布线工程有关的建筑物要素。

③ 必要时，还需要标注建筑物吊顶、弱电井、弱电间、原有弱电布线情况。

④ 可以不绘制桌椅、楼梯、卫生间等与网络工程无关的建筑物。

2. 覆盖区域

结合现场勘测和建筑图纸，明确无线网络的主要覆盖区域和次要覆盖区域，重点针对用户集中上网区域做覆盖规划。覆盖区域一般分为以下 3 类：

① 主要覆盖目标。用户集中上网区域，如宿舍房间、图书室、教室、酒店房间、大堂、会议室、办公室、展厅等人员集中场所。这些覆盖目标的信号强度要求为 −65 ～ −45 dBm。

② 次要覆盖目标。无上网需求区域（如卫生间、楼梯、电梯、过道、厨房等区域）不做重点覆盖。这些覆盖目标的信号强度要求不低于 −75 dBm。

③ 特殊覆盖目标。客户指定的覆盖区域或不允许覆盖的区域。信号强度要求按客户具体需求而定。

3. 无线网络接入用户的数量

在评估无线网络接入用户的数量时，一般以场景满载时人数的 60% ～ 70%（经验值）进行估算。工程师基于大量的工程经验针对以下不同场景提出了计算方法。

① 基于座位：教室、图书馆、大礼堂等场景可以按座位全部坐满进行满载评估，座位数即为满载人数。校园阶梯教室场景如图 2-1 所示。

② 基于床位：酒店、学生宿舍等场景一般以一个床位 2 个终端（手机 + 笔记本计算机）进行估算，满载即为床位数量的 2 倍；学生宿舍、酒店房间场景如图 1-16 和图 1-18 所示。

图 2-1 校园阶梯教室场景

③ 其他计算方法：按照人流量进行估算，一般选择人流量较多的时候作为参考，满载即为高峰时期该场景所能容纳的人数。

4. 用户无线上网的带宽

用户使用的无线应用不同，所需带宽也不同，工程师需要根据用户使用应用的情况对用户无线上网平均带宽进行评估。下面列举了常见网络应用所需的带宽。

① 流畅浏览网页所需带宽：打开搜狐首页的流量约 1 MB，打开京东首页的流量约 1.4 MB，按 5 s 打开网页计算，浏览搜狐首页需要 1.6 Mb/s 带宽，浏览京东首页需要 2.2 Mb/s 带宽。由于用户并不会持续打开网页，据统计，大部分网页流畅浏览需要带宽约 512 kb/s。

② 互联网视频所需带宽：可以参考视频网站给出的建议，即标清带宽为 1 Mb/s，高清带宽为 2 Mb/s。

③ 社交软件应用所需带宽：以微信为例，纯文字聊天 1 条信息约 1 KB，1 s 的语音文件约 2 KB；后台保持在线状态每小时消耗 50 KB ～ 60 KB 的流量；图片大小需要根据具体图片而定，13 s 的视频压缩文件大约为 270 KB。以此推算，512 kb/s 的带宽足以满足微信的聊天需求。

④ 网络游戏所需带宽：某些大型游戏需要约 2 Mb/s 带宽，一般网络游戏在 100 kb/s 带宽下就可以流畅地玩。

5. AP 选型

在获得无线覆盖目标的建筑平面图、无线网络接入用户的数量和无线应用需求后，可以先根据用户建筑环境特点和自身预算，确定 AP 产品类型，主要有放装型、面板式、室外等 AP 类型。如果预算紧张，则可以用一个面板式 AP 覆盖两个房间，或者在走廊放置 1 ～ 3 个放装型 AP，覆盖整个楼层。关于 AP 的产品类型与部署场景，可以参考项目 1。

选定 AP 产品类型后，再根据接入用户数量和吞吐量要求选择 AP 产品型号和数量。

6. AP 点位设计与信道规划

微课 2-2
AP 选型、点位设计与信道规划

使用 WSS 云工勘进行 AP 点位设计及信道规划，包含以下几个步骤：

① 创建无线网络工程。

② 导入建筑图纸。

③ 根据场景和用户需求选择合适的产品。

④ 根据现场和需求调研情况，进行 AP 点位设计。

⑤ 通过信号模拟仿真（按信号强度），调整优化 AP 位置，实现重点区域无线网络高质量覆盖。

⑥ 进行 AP 信道规划，通过信号模拟仿真（按信道冲突），调整 AP 信道和功率，实现高质量无线覆盖。

WSS 云工勘是一款模拟仿真软件，它能针对墙体、窗户等少量障碍物做无线信号衰减模拟。考虑无线覆盖场景的复杂性，还需要了解常见的障碍物对无线信号衰减的影响情况（见表 2-1）。

表 2–1 常见的障碍物对无线信号衰减的影响情况

障碍物	衰减程度	例子
开阔地	无	演讲厅、操场
木制品	少	内墙、办公室隔断、门、地板
石膏	少	内墙（新的石膏比老的石膏对无线信号的影响大）
合成材料	少	办公室隔断
石棉	少	天花板
玻璃	少	没有色彩的窗户
金属色彩的玻璃	少	带有色彩的窗户
人的身体	中等	大群的人
水	中等	潮湿的木头、玻璃缸、有机体
砖块	中等	内墙、外墙、地面
大理石	中等	内墙、外墙、地面
陶瓷制品	高	陶瓷瓦片、天花板、地面
混凝土	高	地面、外墙、承重梁
镀银	非常高	镜子
金属	非常高	办公桌、办公隔断、混凝土、电梯、文件柜、通风设备

2.4 GHz 无线信号带宽低，电磁波传输距离远，穿透障碍物能力较强；5.8 GHz 无线信号带宽高，电磁波传输距离近且穿透能力较差。以 2.4 GHz 电磁波为例，它对于各种建筑障碍物的穿透损耗的经验值如下：

- 墙（砖墙厚度 100 mm ～ 300 mm）：20 ～ 40 dB。
- 楼层地板：30 dB 以上。
- 木制家具、门和其他木板隔墙阻挡：2 ～ 15 dB。
- 厚玻璃（12mm）：10 dB。

在衡量 AP 信号对于墙壁等的穿透损耗时，需考虑 AP 信号入射角度。一面 0.5 m 厚的墙壁，当 AP 信号和覆盖区域之间直线连接呈 45° 入射时，相当于约 0.7m 厚的墙壁；当呈 30° 入射时，相当于超过 1m 厚的墙壁。所以要获取更好的接收效果，应尽量使 AP 信号能够垂直（呈 90°）穿过墙壁或天花板。

7. 无线地勘存在的风险及应对策略

（1）覆盖风险

覆盖风险即 AP 部署后信号强度可能无法满足用户应用需求。覆盖风险会严重影响用户的业务和体验，所以在地勘阶段应确保解决重点区域的无线覆盖信号质量。如果用户未给出无线覆盖信号强度的具体要求，则工程师可以根据表 2-2 所示的不同客户类型的重点覆盖区域信号强度指标进行规划设计。该表中的信号强度指标为工程经验值。

表 2-2 不同客户类型的重点覆盖区域信号强度指标

序号	客户类型	信号强度指标 /dBm	说明
1	运营商 教育行业	-75	-75 dBm 对于手机用户来说，观看视频体验不会太好
2	政府金融行业	-70	实时性要求高，无线质量要求较高
3	医疗行业	-65	PDA 设备对信号要求高

（2）未知 Sta（Station，无线终端）风险

客户使用的重要 Sta 如果是未知的设备，比如一些医用的 PDA，导致无法判断其性能，进而无法判断覆盖信号强度要求。目前已知的无线 Sta 对信号强度的要求见表 2-3。

表 2-3 无线 Sta 对信号强度的要求

无线 Sta 类型	信号强度要求 /dBm
笔记本计算机用户或者非关键应用的手机用户	-75
重要的笔记本计算机用户，少量手机用户	-70
关键应用的手机或者 PDA 用户	-65

如果承载客户关键应用的手机或者 PDA 并非常见的手机或者 PDA，那么必须进行实地测试。例如，经测试，-65 dBm 的信号强度不能满足客户应用需求，那么信号强度指标可以提到 -60 dBm 甚至更高，直到满足设备要求为止。

（3）带点数风险

带点数是指 AP 的用户接入数量。AP 基于共享式的无线网络进行通信，接入用户数量越多，每个 Sta 的带宽越低，如果过载，则可能导致 Sta 接入速率较低和丢包率较高，用户上网体验较差。

例如，在某城市地铁，用户可以很方便地接入地铁 Wi-Fi，享受免费的上网服务。由于每列地铁的接入带宽是有限的，在平时，用户接入地铁 Wi-Fi，每个 Sta 的上网速率在 512 kb/s 左右，但在上下班高峰期，如果所有乘客都接入地铁 Wi-Fi，则 AP 接入数量将过载，致网速极慢，甚

至网络时断时续。这是典型的 AP 带点数过大所带来的用户接入风险。为解决该问题，通常采取的策略是限制每个 AP 的最高用户接入数量。地铁 Wi-Fi 通过限制 AP 的带点数，确保接入用户的上网质量，虽然不能满足更多用户接入的需求，但提高了用户的上网体验和业务接入质量。

因此，带点数风险主要是指评估 AP 携带 Sta 的数量是否超过要求。常见的场景和解决方案如下：

① AP 覆盖范围内的带点数在业务高峰期可能超过 AP 上限，导致 Sta 上网拥塞。这种情况下，如果预算充裕，可以通过增加 AP 数量解决；如果预算紧张，则可以通过设置 AP 接入上限解决。

② AP 覆盖范围内的 Sta 用户无法统计，仅根据经验值进行部署，可能导致 AP 接入用户数过载。这种情况下，可以通过设置 AP 接入上限解决。

（4）射频干扰风险

射频干扰风险是指来自其他射频系统或者同频大功率设备的干扰。在地勘阶段，工程师要在无线部署现场和甲方确认无线射频环境，主要如下：

① 是否存在其他无线 Wi-Fi 系统。

② 是否存在其他工作在 2.4 GHz 和 5.8 GHz 频段的业务系统和大功率基站设备。

③ 是否有微波炉等大功率设备。

在地勘阶段了解现场射频环境有利于及时调整优化无线解决方案，规避风险。

（5）未知应用风险

在无线地勘需求阶段，如果无线工程师仅依靠经验评估客户的应用和流量，并基于此来规划无线网络，那么极有可能导致新建的无线网络无法承载客户的业务应用。或者是工程师做了初步调研但忽略或低估了一些客户的常见应用，若这些应用所需的流量大且持续时间较长，将导致新建无线网络无法承载客户业务应用。

因此，地勘阶段同甲方一起确认客户业务需求和进行流量评估非常重要，可以大大降低未知应用风险。与流量有关的风险必须在地勘阶段确认。

（6）同频干扰风险

当 AP 工作的频段中有其他设备进行工作时，就会产生同频干扰。同频干扰风险主要存在以下情况：

① AP 被非 WLAN 设备干扰，会导致 AP 丢包重传，因为干扰设备不遵守冲突检测退避机制。其中较常见且影响较大的非 WLAN 设备为微波炉。

② 在一台 AP 处检测到的另一个同频 AP 的信号强度高于 −75 dBm，且工作在同一信道，即可认为这两台 AP 互相同频干扰。同频干扰通常很难避免，这会导致双方都因为退避而各损失一部分流量。这种情况下，可以通过优化 AP 频道或调整 AP 功率降低同频干扰。

（7）隐藏节点风险

隐藏节点风险同样是由 WLAN 系统中的冲突检测与退避机制造成的。冲突检测与退避机制的基础就是两个发送端必须能互相“听”到，也就是在对方的覆盖范围之内，当两个数据发送端互相“听”不到的时候，这两个数据发送端就成为了隐藏节点。

通常，隐藏节点分为以下 3 种情形。

① Sta 之间互为隐藏节点。Sta 之间互为隐藏节点常见于 AP 的部署范围过大的情况，如图 2-2 所示，两个 Sta 在发送数据时不能侦测到对方是否占用信道，这导致 AP 会同时收到两

个 Sta 的数据包，显然此时 AP 收到的是非有效数据（两个 Sta 信号的叠加）。

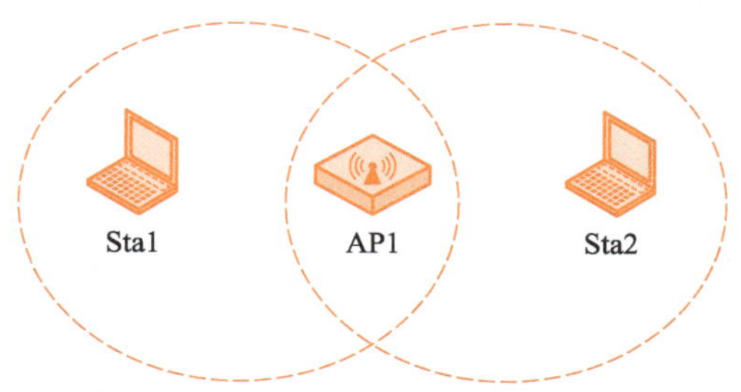

图 2-2 两个 Sta 互为隐藏节点示意图

普通 Sta 应用通常以下行流量为主，所以隐藏节点发送信号的概率较低，对一般业务应用的危害较小；但如果 Sta 有大量的 BT、P2P 等应用，它们会产生大量的上行流量，严重时导致网络出现速率降低或者丢包的问题。目前，禁用相关应用与限速是比较有效的优化手段。

② AP 之间互为隐藏节点。当 Sta 位于两个 AP 中间时，AP1 和 AP2 同时为 Sta 提供服务时会出现 AP 互为隐藏节点情况。两个 AP 互为隐藏节点如图 2-3 所示。

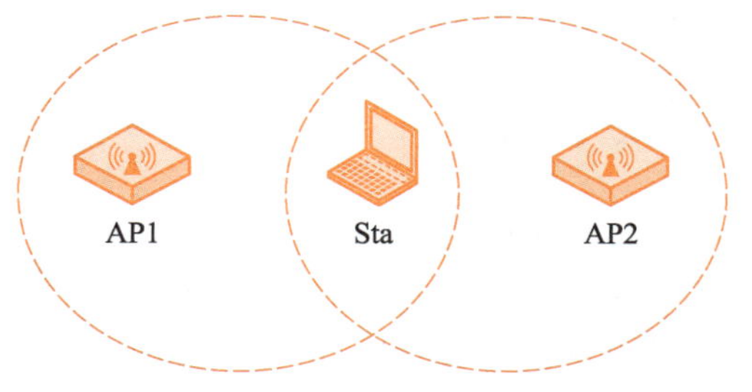

图 2-3 两个 AP 互为隐藏节点示意图

微课 2-3
无线复勘与 WLAN 工勘设计方案输出

在实际部署中，Sta 通常会选择其中一个 AP 为其提供无线接入服务，其位于两个 AP 中间的情况，通常是 Sta 在移动，且触发了 AP 漫游时发生，所以在实际部署中不太容易出现两个 AP 互为隐藏节点的情况。

③ AP 与 Sta 互为隐藏节点。AP 的下行流量较大，发送信号的概率高，所以很容易与 Sta 冲突。AP 和 Sta 互为隐藏节点如图 2-4 所示。在走廊部署放装型无线解决方案中，AP1 与 Sta1 发送数据时，Sta2 和 AP4 也在发送数据，这时，AP4 同时收到这两路信号，因相互干扰而无法正常接收到 Sta2 发送的信号。

AP 与 Sta 互为隐藏节点的危害较大，由于其不仅有隐藏节点问题，还存在同频干扰问题，所以推荐通过以下两个优化方案来解决。

- 在不影响用户业务接入质量的情况下，适度降低两个 AP 的功率，减少冲突域。
- 改用分布式或面板式解决方案替代放装型无线解决方案，这样同频干扰和隐藏节点均可以有效解决。

8. 复勘的必要性

通过 WSS 云工勘工具看到的无线信号覆盖质量有可能在现场部署时与实际情况不一致，

存在一定的无线覆盖质量隐患。特别是在预算紧张的覆盖项目中，有些区域可能覆盖信号较弱。因此，对于符合以下情况的无线网络规划项目，建议工程师都要到现场进行无线复勘。

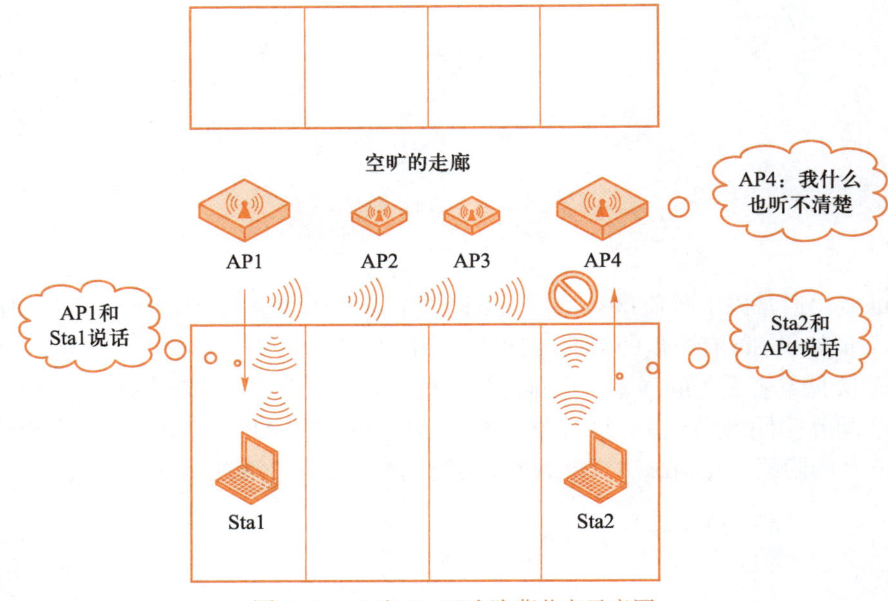

图 2-4 AP 和 Sta 互为隐藏节点示意图

① 一个 AP 覆盖较大面积的区域，且现场有较多的障碍物。

② 使用墙面式 AP 覆盖两个房间时，非 AP 安装房间需要进行信号测试。

工程师到工程现场进行无线复勘，主要涉及以下几个步骤：

① 确定 AP 测试点：选择信号覆盖可能存在隐患的 AP 点位，并就该 AP 点位选择二三个最远端的测试点。

② 实地测试：配置好 AP，将 AP 用支架固定在 AP 实际部署位置，然后使用地勘专用电源为 AP 供电，AP 上电并发射信号后，分别使用手机和笔记本计算机测试无线信号强度。如果客户经常使用定制设备连接 Wi-Fi，如 PDA，建议增加使用该定制设备进行测试。

③ 调整与优化：如果实地测试结果不理想，则需要通过调整 AP 部署位置、调整 AP 功率、增加 AP 数量等方式改善，优化后再进行一次测试，直到测试通过，并将优化后的结果记录到 AP 点位设计图中。

9. 输出 WLAN 工勘设计方案

无线复勘通过后，确定 AP 点位设计图，并输出 WLAN 工勘设计方案。WLAN 工勘设计方案包括以下内容：

① WLAN 工勘设计方案（通过 WSS 云工勘平台输出）。

② WLAN 工勘设计方案分析（对 WLAN 工勘设计方案进行摘要解析，以 PowerPoint 演示文稿形式展现给客户）。

③ AP 点位图（简要标注 AP 名称、点位、信道、编号等）。

④ AP 点位图说明（对 AP 点位进行具体说明）。

⑤ AP 信息表（名称、点位位置、信道、功率等，以 Excel 工作表形式保存）。

⑥ 物料清单（AP、馈线、天线等）。

⑦ 安装环境检查表（对 AP 安装环境进行检查并登记）。

2.4 项目实践

任务 2-1 获取建筑平面图

1. 任务描述

由于会展中心负责人未能提供会展中心的平面图纸，所以地勘工程师需要在现场快速草绘一张会展中心的图纸，记录相关数据，然后采用绘图软件 Visio 绘制建筑平面图。

2. 任务操作

（1）绘制会展中心现场草图

地勘工程师经前期电话沟通，已知会展中心负责人手上并没有该建筑的任何图纸，因此，地勘工程师在约定时间携带激光测距仪、笔、纸、卷尺等工具到达现场，边绘制草图边开展现场调研工作。

经过 1 h 左右的现场勘察，地勘工程师已经草绘了一张会展中心的图纸，如图 2-5 所示。

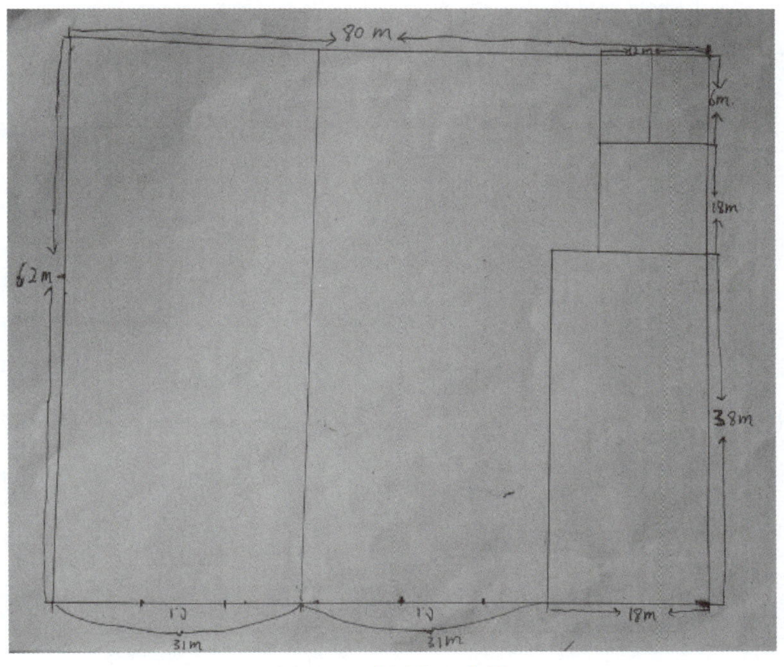

图 2-5 会展中心草图

同时，地勘工程师在现场调研确认现场环境，并反馈给无线工程师。调研结果具体如下。

① 2 个展区均有铝制板吊顶。

② 会议室及办公室没有吊顶。

③ 展区人流量主要集中在展台附近。

（2）绘制电子图纸

根据现场绘制的草图在 Visio 中绘制电子图纸，操作步骤如下。

① 打开 Visio，进行页面设置，将绘图比例设置为 1:350，如图 2-6 所示。

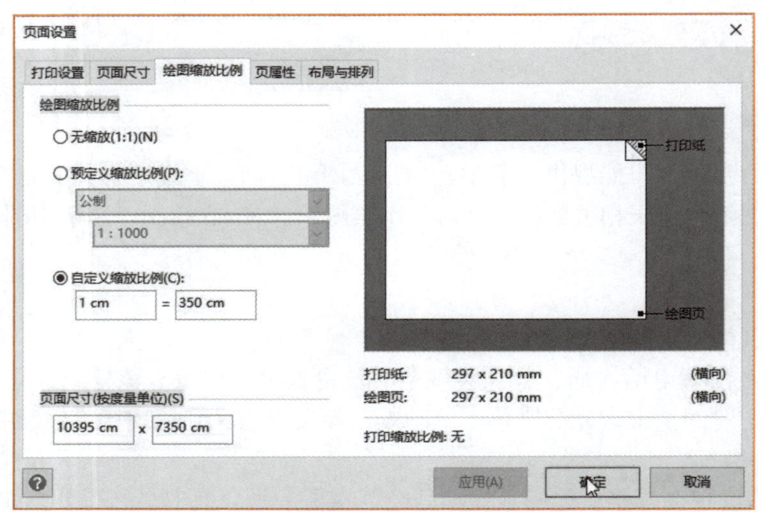

图 2-6 页面设置

② 根据草图绘制墙体，如图 2-7 所示。

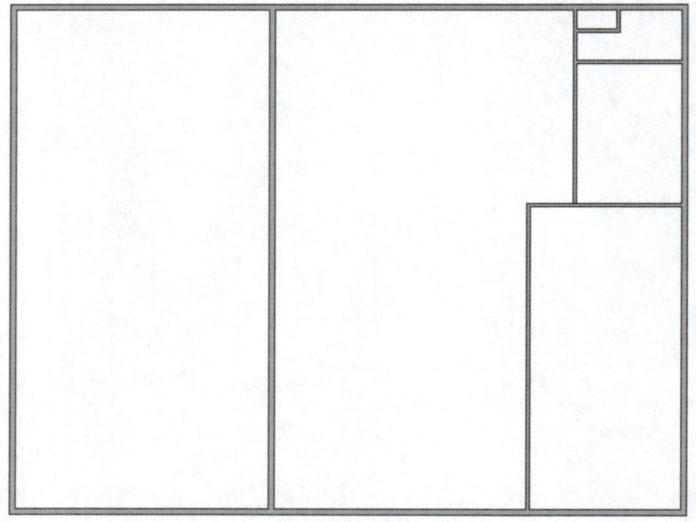

图 2-7 绘制墙体

③ 在墙体上绘制门、窗，如图 2-8 所示。

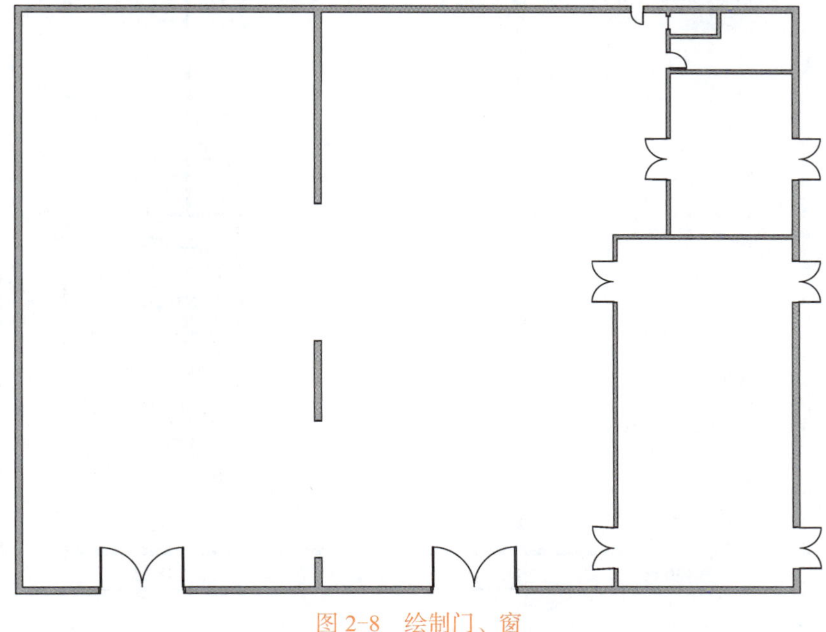

图 2-8 绘制门、窗

④ 绘制桌椅、讲台等室内用品，如图 2-9 所示。

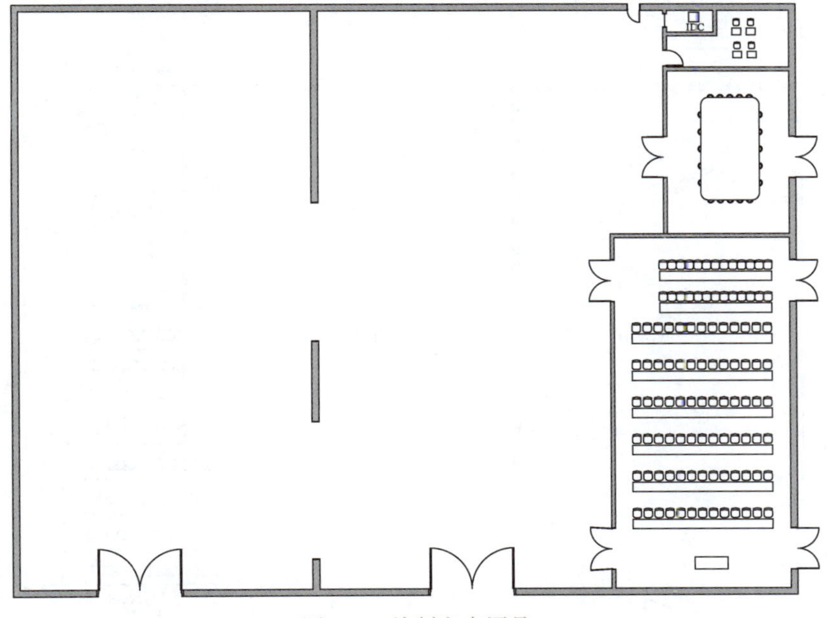

图 2-9 绘制室内用品

⑤ 使用标尺对主要墙体的距离进行标注，如图 2-10 所示。

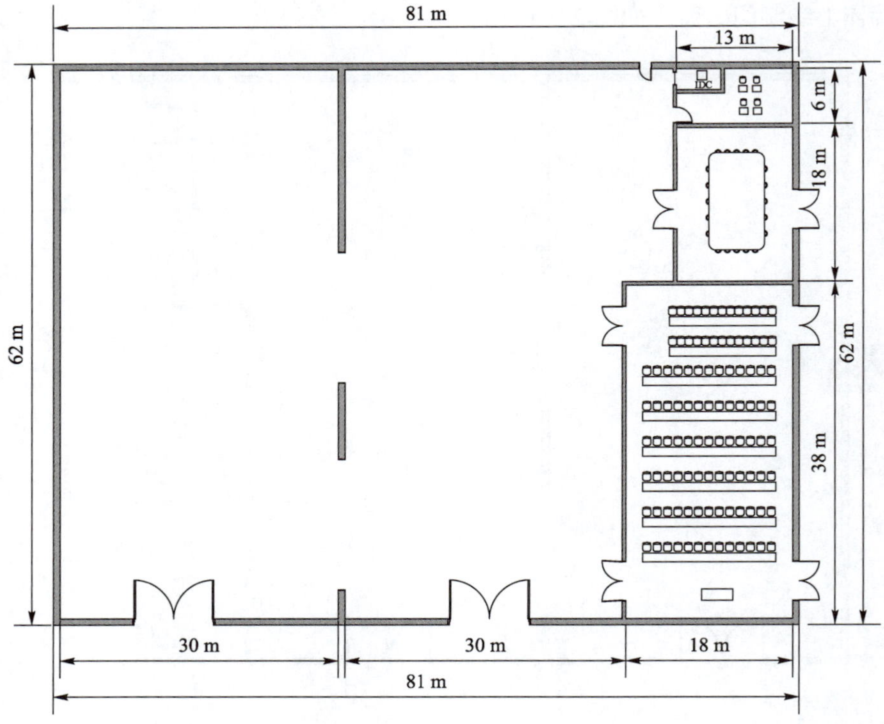

图 2-10 标注距离

⑥ 使用文本框对每个房间或区域进行标注，完成建筑平面图的绘制，如图 2-11 所示。

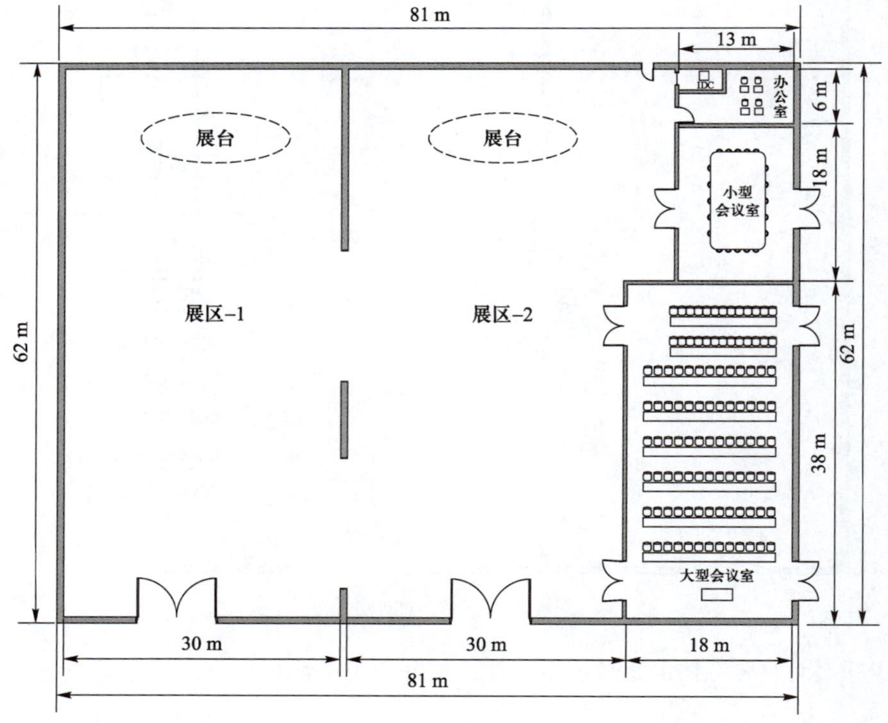

图 2-11 建筑平面图

任务 2-2 确定覆盖目标

1. 任务描述

根据建筑平面图，确定覆盖区域、重点覆盖区域及其他需求；对会展中心无线网络的用户数、网络的吞吐量进行评估。

2. 任务操作

（1）确定覆盖区域

通过会展中心现场勘察及后续的建筑平面图绘制，已得到本项目的建筑平面图，如图 2-11 所示。

在本项目中，无线网络覆盖范围为整个会展中心，包括两个展区、两个会议室及一个会展中心办公室，属于全覆盖项目。

（2）对无线网络的用户数进行预估

从项目背景中得知，展会区域为 5000 m^2 的开阔空间，分为两个展区，展会人流量预计为 300 人 /h。根据展区业务特征和以往经验，展区最多可容纳 2000 人，预计高峰期参展人数为 900 人左右。会展中心各时段预计参展人数见表 2-4。

表 2-4 会展中心各时段预计参展人数

时间	预计参展人数
9:00—10:00	300
10:00—11:00	600
11:00—13:00	900
13:00—14:00	600
14:00—15:00	900
15:00—16:00	600
16:00—17:00	300

无线网络工程师最终同会展中心信息部负责人确认，本次无线覆盖将按以往经验，按高峰期参展人数的 70% 计算无线网络接入用户的数量，并针对每个区域做了细化的统计，统计结果见表 2-5，最终确定无线接入数量约为 630 个。

表 2-5 会展中心各区域 AP 接入数量

无线覆盖区域	AP 接入数量 / 个
展区-1	250
展区-2	250
大型会议室	100

续表

无线覆盖区域	AP 接入数量 / 个
小型会议室	30
办公室	6

（3）对无线网络的吞吐量进行评估

通过和会展中心信息部沟通，展会将会在两个会议室和两个展会的展台区域提供视频直播服务，在其他区域则为用户提供实时通信、微信视频、搜索引擎、门户网站等应用接入服务。

根据业务调研结果，参考以往业务应用接入所需带宽的推荐值，并经会展中心信息部确认，会展中心为视频直播服务提供不低于 10 Mb/s 的无线接入带宽，为参展用户提供最高 512 kb/s 的无线接入带宽，为办公区域用户提供最高 2 Mb/s 的无线接入带宽。会展中心各区域无线接入带宽需求见表 2-6。

表 2-6 会展中心各区域无线接入带宽需求表

无线覆盖区域	AP 接入数量 / 个	AP 接入带宽 /（$Mb \cdot s^{-1}$）
展区-1	250	140
展区-2	250	140
大型会议室	100	65
小型会议室	30	25
办公室	6	12

会展中心的无线信号需要为视频直播服务、参展用户及办公区域用户提供不同的无线接入带宽，无线工程师决定设置多个 SSID，每个 SSID 限制不同的传输速率。最终确定的各 SSID 信息见表 2-7。

表 2-7 SSID 信息

接入终端	SSID	是否加密	最低传输速率	限制最高传输速率
视频直播	Video-wifi	是	10 Mb/s	不限速
参展用户	Guest-wifi	否	N/A	512 kb/s
办公用户	Office-wifi	是	N/A	2 Mb/s

任务 2-3 AP 选型、点位设计与信道规划

1. 任务描述

确定覆盖目标后，需要根据建筑特点、覆盖目标、用户接入数及吞吐量等因素进行 AP 选

型。使用 WSS 云工勘导入建筑平面图，并进行 AP 点位设计。因部署的 AP 数量较多，需要进行合理的信道规划，避免 AP 之间发生同频干扰。

2. 任务操作

（1）AP 类型选择

从项目背景可知，展会区域为 5000 m^2 的开阔空间，分为两个展区。因此，选用适合在室内大开间高密度部署的放装型 AP。

（2）AP 型号选择

无线工程师已经通过任务 2-2 得知展会无线接入数为 630 个，整体接入带宽为 400 Mb/s 左右。结合表 2-8 所示华三的放装型无线 AP 产品，可以得知本项目无线网络覆盖以覆盖及接入数为主。因此，无线工程师将在展区 1 部署 3 台 WA6638，展区 2 部署 3 台 WA6638、在大型会议室部署 1 台 WA6638、在小型会议室及办公室部署 1 台 WA6320 来满足无线信号的覆盖及带点数需求。会展中心各区域 AP 部署数量见表 2-9。

表 2-8 华三的放装型无线 AP 产品

产品型号	空间流	上行接口最高速率	工作频段	整机 802.11ax 最高速率	推荐 / 最大接入数
WA6638	5.1 GHz 4*4 MIMO+ 5.8 GHz 4*4 MIMO+ 2.4 GHz 4*4 MIMO	10G 电口	802.11ax/ac/n/g/b/a	$2.4\ Gb\cdot s^{-1}$+ $2.4\ Gb\cdot s^{-1}$+ $1.15\ Gb\cdot s^{-1}$	192/1536
WA6528	5 GHz 4*4 MU-MIMO+ 2.4 GHz 4*4 MU-MIMO	5G 电口	802.11ax/ac/n/g/b/a	$4.8\ Gb\cdot s^{-1}$+ $1.15\ Gb\cdot s^{-1}$	128/1024
WA6320	5 GHz 2*2 MIMO+ 2.4 GHz 2*2 MIMO	1G 电口	802.11ax/ac/n/g/b/a	$1.2\ Gb\cdot s^{-1}$+ $0.575\ Gb\cdot s^{-1}$	128/1024

表 2-9 会展中心各区域 AP 部署数量

<table>
<tr><th>无线覆盖区域</th><th>AP 接入数量</th><th>AP 接入带宽 /（$Mb\cdot s^{-1}$）</th><th>AP 型号</th><th>数量</th></tr>
<tr><td>展区-1</td><td>250</td><td>140</td><td>WA6638</td><td>3</td></tr>
<tr><td>展区-2</td><td>250</td><td>140</td><td>WA6638</td><td>3</td></tr>
<tr><td>大型会议室</td><td>100</td><td>65</td><td>WA6638</td><td>1</td></tr>
<tr><td>小型会议室</td><td>30</td><td>25</td><td rowspan="2">WA6320</td><td rowspan="2">1</td></tr>
<tr><td>办公室</td><td>6</td><td>12</td></tr>
</table>

（3）登录 WSS 云工勘平台

在浏览器输入网址，进入 WSS 云工勘平台，如图 2-12 所示。在主页输入用户名和密码，单击“登录”按钮。

图 2-12 “登录”页面

（4）进入云工勘

登录成功后，进入云工勘主页，如图 2-13 所示。

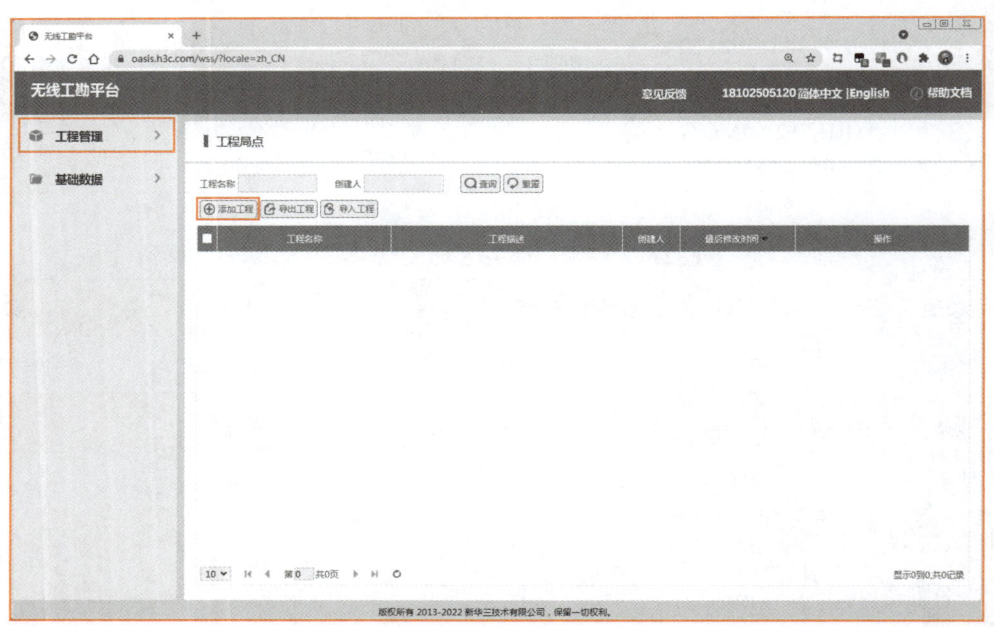

图 2-13 云工勘主页

（5）创建新工程

单击“添加工程”按钮，在弹出的“添加工程”对话框中填写工程名称、工程描述等信息，如图 2-14 所示。单击“保存”按钮，完成新工程创建。

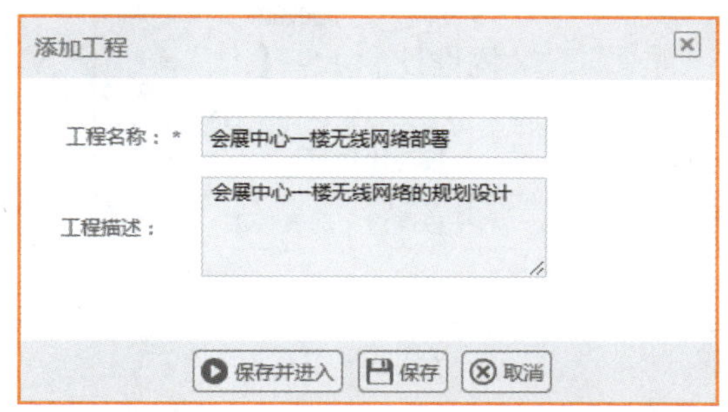

图 2-14 “添加工程”对话框

（6）添加方案

完成新工程创建后，单击工程“会展中心一楼无线网络部署”，单击操作中的加号图标，添加方案。在“方案名称”文本框中输入“会展中心一楼无线网络的规划设计”，在“楼层信息”文本框中输入“一楼”。单击“行业分类”下拉按钮，选择“场馆类”，单击“环境名称”下拉按钮，选择“会展中心”，如图 2-15 所示。然后单击“选择文件”按钮，导入电子平面图“会展中心 . jpg”。单击“保存”按钮完成方案添加。

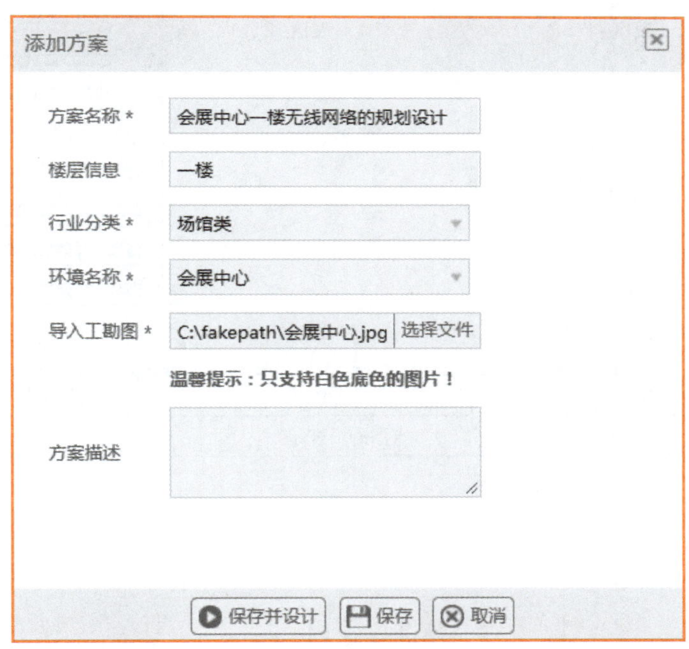

图 2-15 “添加方案”对话框

（7）设置比例尺

单击方案操作中的齿轮图标，“设计方案”进入工勘设计模式，需要选择页面左上角的校准比例尺，弹出“校准比例尺 -I”页面，选择“水平校准”，如图 2-16 所示，拖曳鼠标在标有长度处画一条直线，如图 2-17 所示，松开鼠标后，弹出“校准比例尺 -II”页面，输入实地测量的长度，如图 2-18 所示。

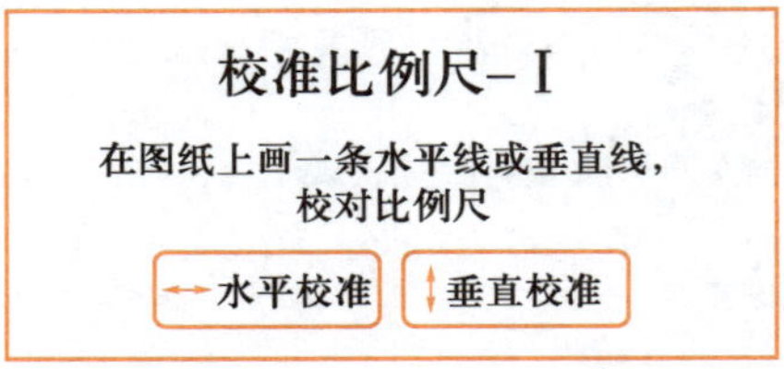

校准比例尺-Ⅰ

在图纸上画一条水平线或垂直线，
校对比例尺

水平校准　垂直校准

图 2-16　校准比例尺 -I

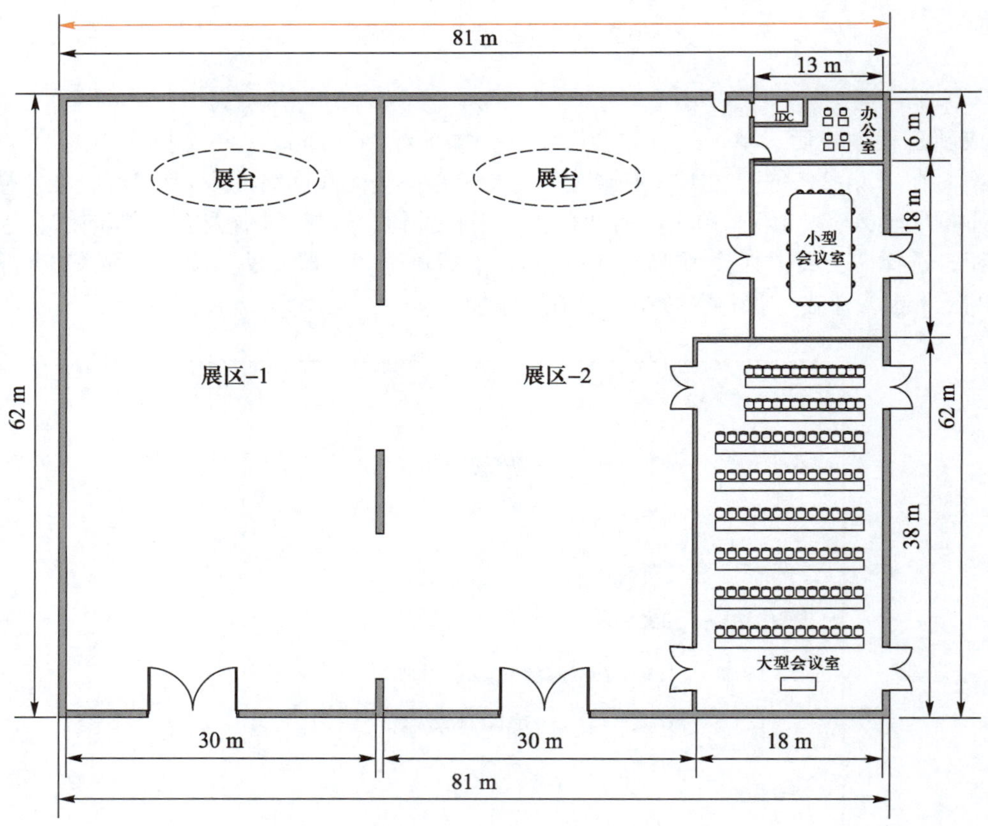

图 2-17　设置比例尺

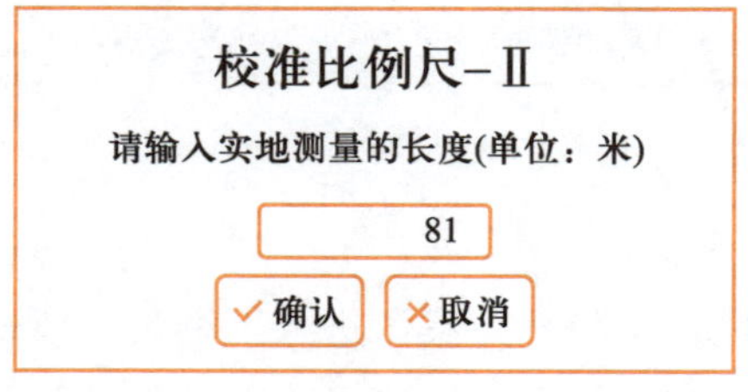

图 2-18　校准比例尺 -II

（8）绘制障碍物

进行环境设置，如图 2-19 所示。用户可通过页面左侧的“障碍物设置”手动设置墙体、窗户等障碍物，也可以通过右侧的“障碍物识别”按钮进行识别。

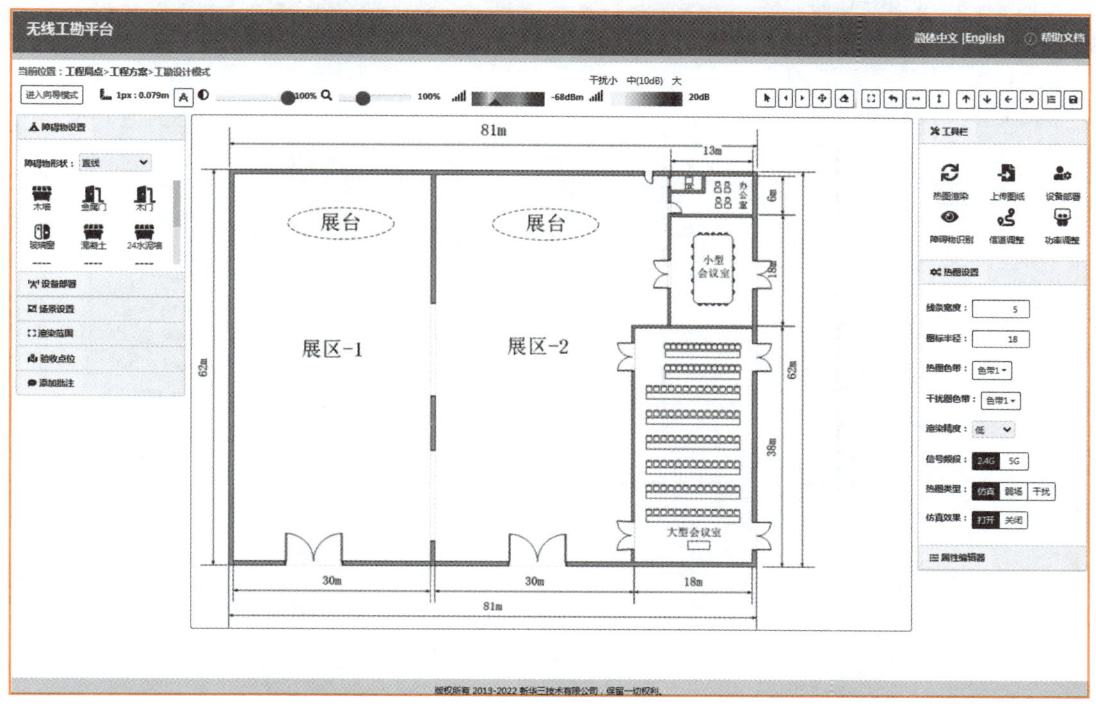

图 2-19 环境设置

（9）识别障碍物

单击“障碍物识别”按钮，弹出“障碍物属性”对话框，如图 2-20 所示。单击“障碍物类型”下拉按钮，选择“24 水泥墙”，“是否清除障碍物”选择“是”，单击“确定”按钮完成障碍物识别。

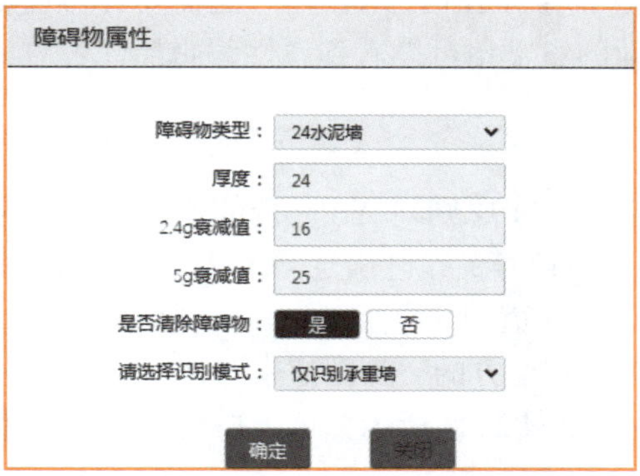

图 2-20 “障碍物属性”对话框

（10）手动调整障碍物

自动识别可能会造成对障碍物的错误识别，可以手动调整障碍物，如图 2-21 所示。

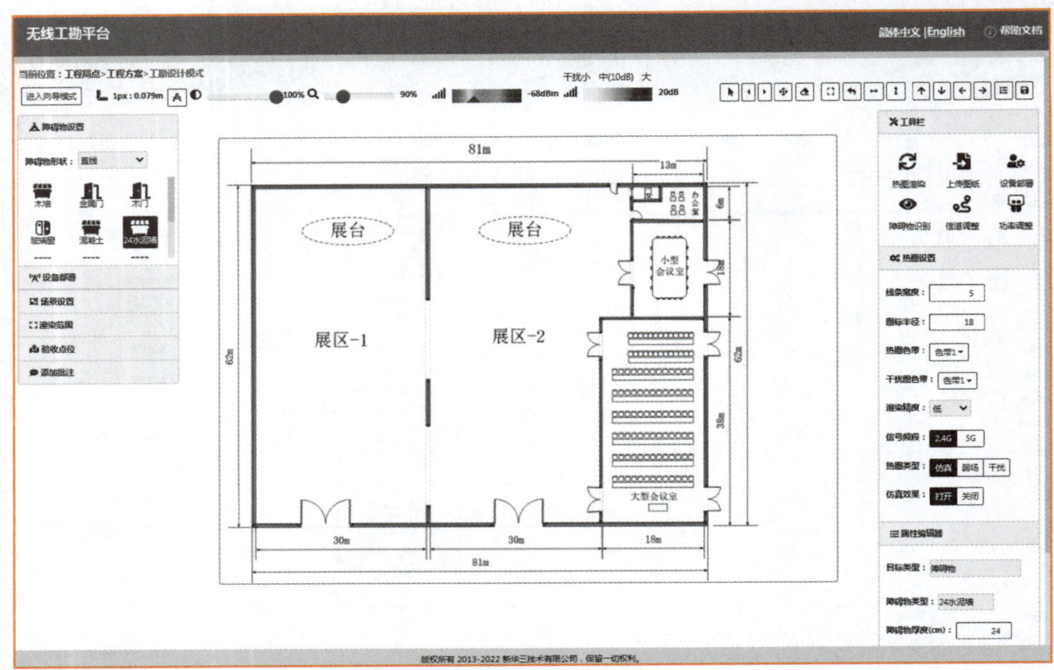

图 2-21 手动调整障碍物

（11）设备布放

通过页面右侧的“设备部署”进行 AP 点位设计。地勘工程师通过现场环境调研发现，展厅有铝制天花吊顶，因此 AP 可采用吊顶安装；会议室及办公室没有吊顶，适合用壁挂式安装。同时，考虑到展区人群基本集中在展台附近，因此在 AP 点位设计时在展台附近部署 2 台 AP，入口处部署 1 台 AP。

（12）调整信道

地勘软件增加的 AP 默认都工作在信道 1，用户还需要针对现场 AP 部署密度进行信道和功率调整。选中 AP，在页面的右下角可以看到属性编辑器，可对 AP 的工作信道和功率进行调整，如图 2-22 所示。

（13）打开仿真图

地勘工程师需要根据 1、6、11 原则对 AP 进行信道调整。同时，考虑到展台附近 AP 距离较近，属高密度部署场景，在信号覆盖已满足需求情况下，可以通过降低 AP 的功率来减少同频干扰的区域。调整完 AP 的信道和功率后，在页面左侧选择“渲染范围”，框选渲染范围，如图 2-23 所示；然后单击页面右上方的“热图渲染”按钮，在弹出的“热图设置”对话框中选择“仿真弱场图”复选框，如图 2-24 所示，可以按信号强度、速率、信道冲突等方式查看 AP 覆盖效果。

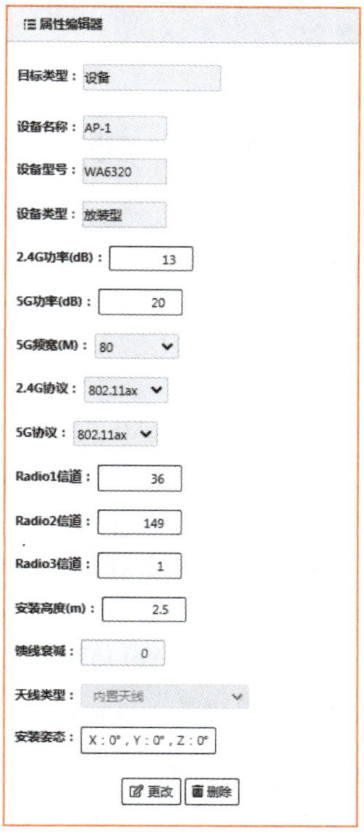

属性编辑器
目标类型： 设备
设备名称： AP-1
设备型号： WA6320
设备类型： 放装型
2.4G功率(dB)： 13
5G功率(dB)： 20
5G频宽(M)： 80
2.4G协议： 802.11ax
5G协议： 802.11ax
Radio1信道： 36
Radio2信道： 149
Radio3信道： 1
安装高度(m)： 2.5
馈线衰减： 0
天线类型： 内置天线
安装姿态： X : 0°, Y : 0°, Z : 0°
更改
删除

图 2-22 对 AP 的工作信道和功率进行调整

81 m
13 m
IDC
办公室
6 m
展台
展台
小型会议室
18 m
展区-1
展区-2
62 m
62 m
38 m
大型会议室
30 m
30 m
18 m
81 m

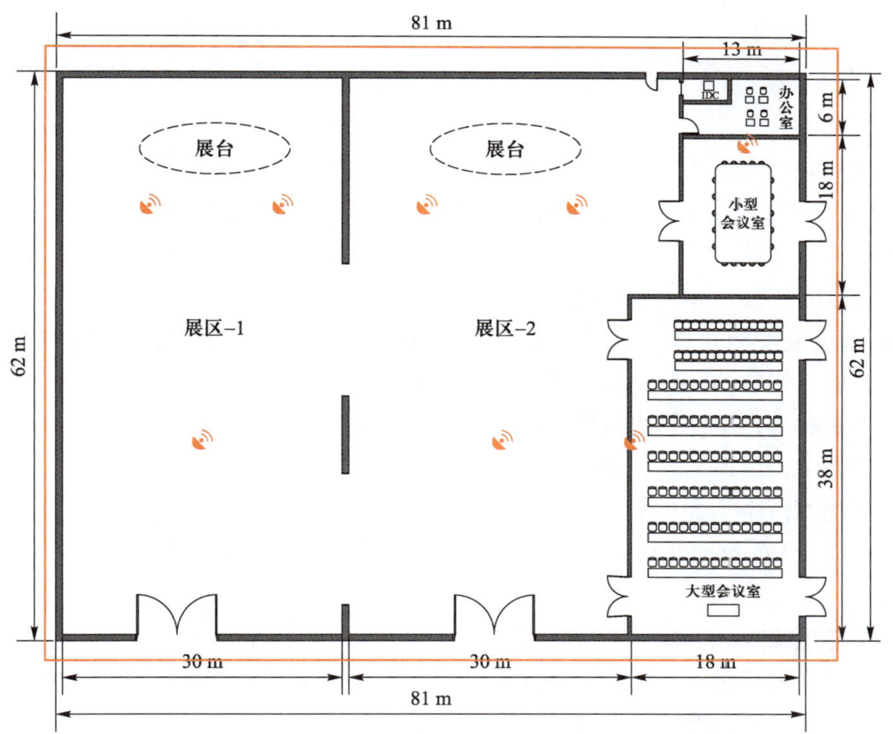

图 2-23 框选渲染范围

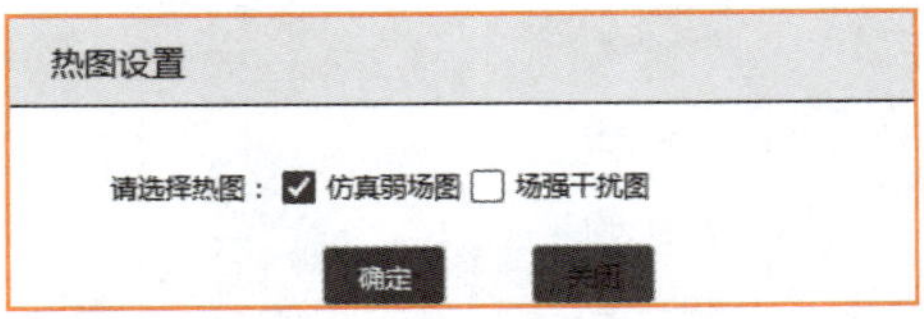

图 2-24 “热图设置”对话框

任务 2-4 无线复勘与无线地勘报告输出

1. 任务描述

无线工程师完成了 AP 点位图初稿，为确保 AP 实际部署后信号能覆盖整个会展大厅，现需要地勘工程师携带地勘测试专用工具箱到现场进行无线复勘，测试实际部署后的信号强度。

地勘测试专用工具箱包括以下设备：地勘专用电源、地勘专用 AP、地勘专用支架、手机、笔记本计算机、地勘专用测试 App、地勘专用测试软件、配置线等。

无线复勘是整个无线网络勘测与设计的最后环节。接下来，地勘工程师需要输出 WLAN 工勘设计方案供用户做最终确认。输出 WLAN 工勘设计方案要点如下：

① 使用 WSS 云工勘，根据复勘的结果优化原 AP 规划方案。

② 使用 WSS 云工勘导出 WLAN 工勘设计方案。

③ 在导出的 WLAN 工勘设计方案的基础上对地勘报告进行修订，要注意根据用户的网络建设需求修改无线网络容量设计，物料清单需要补充无线 AC、POE 交换机、馈线、天线等内容。

2. 任务操作

（1）无线复勘

① 在 AP 点位图上选择测试点，并指定 AP 覆盖范围的 2 ～ 3 个最远点进行测试。针对目标 AP，地勘工程师选择了两个最远点进行测试。测试点位图如图 2-25 所示。

② 使用地勘专用移动电源为 AP 供电，按 AP 规划配置对 AP 进行配置，将 AP 架设在 AP 点位设计图对应的位置（AP 实际安装位置）。

③ 在最远点处使用手机（安装 Cloudnet）测试 AP 信号的强度，结果如图 2-26 所示；使用笔记本计算机（安装 WirelessMon）测试 AP 信号的强度，结果如图 2-27 所示。

在记录手机和笔记本计算机测试数据时，应选择测试软件信号相对平稳的数值，并填写在无线复勘登记表中，结果见表 2-10。

在地勘现场测试中，如果测试点的数据不合格，则应根据现场情况，适当调整 AP 位置或 AP 功率，直到测试点数据合格为止，同时，根据调整的 AP 信息（位置、功率等）修订原来的设计文档。

（2）现场环境检查

地勘工程师在现场进行无线复勘的同时，需要检查安装环境并进行记录，确保 AP 能够根据点位图进行安装和后期维护。现场环境检查表见表 2-11。

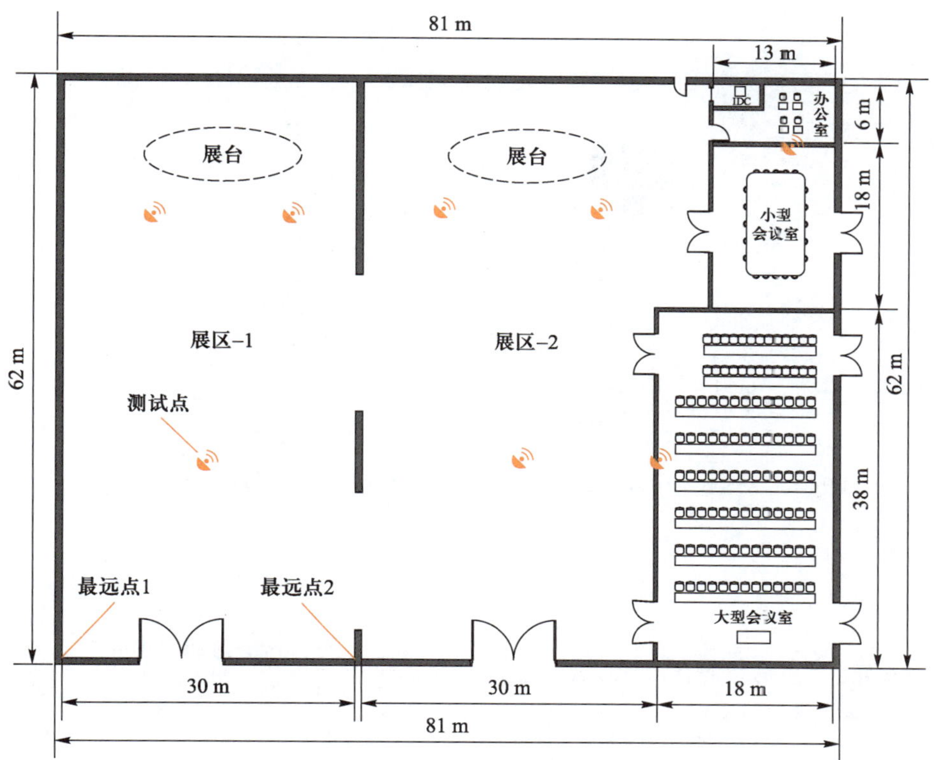

图 2-25 测试点位图

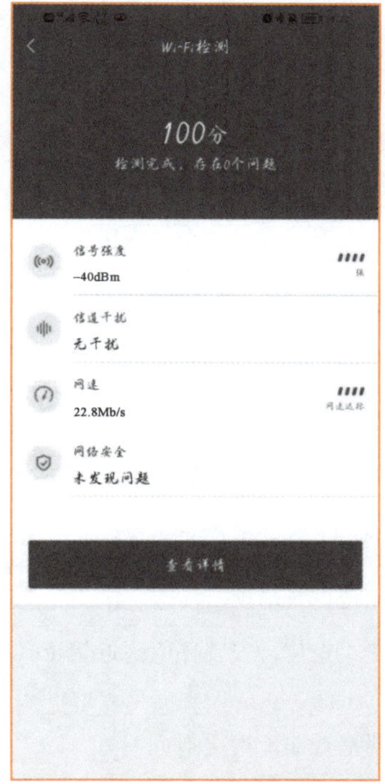

图 2-26 使用手机（安装 Cloudnet）测试 AP 信号的强度

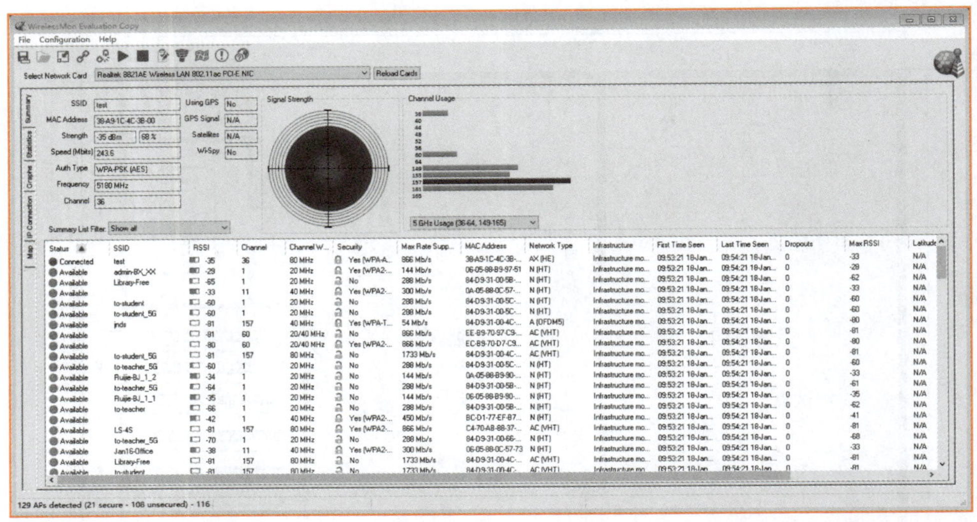

图 2-27 使用笔记本计算机（安装 WirelessMon）测试 AP 信号的强度

表 2-10 无线复勘登记表

AP 编号	测试位置	信号强度 /dBm	
		手机	笔记本计算机
AP-1	展区 -1 展台西南角	-40	-35
AP-2	展区 -1 展台东南角	-43	-40
⋮			

表 2-11 现场环境检查表

序号	检查方法	检查内容	检查结果	是否通过
1	现场检查	安装环境是否存在潮湿、易漏地点	否	是
2		安装环境是否干燥、防尘、通风良好	是	是
3		安装位置附近是否有易燃物品	否	是
4		安装环境是否有阻挡信号的障碍物	否	是
5		安装位置是否便于网线、电源线、馈线的布线	是	是
6		安装位置是否便于进行设备维护和更换	是	是
7		安装环境是否有其他信号干扰源	否	是
8		安装环境是否有吊顶	是	是
9		采用壁挂式安装，安装环境附近是否有桥架、线槽	是	是
10		安装位置是否在承重梁附近	否	是
11	沟通确认	安装位置墙体内是否有隐蔽线管及线缆	否	是

（3）输出 WLAN 工勘设计方案

使用 WSS 云工勘优化原无线网络工程后保存方案，选择“工程管理”，单击工程右侧的下载图标，设置报告配置，单击“确定”按钮，输出无线地勘报告，如图 2-28 和图 2-29 所示。

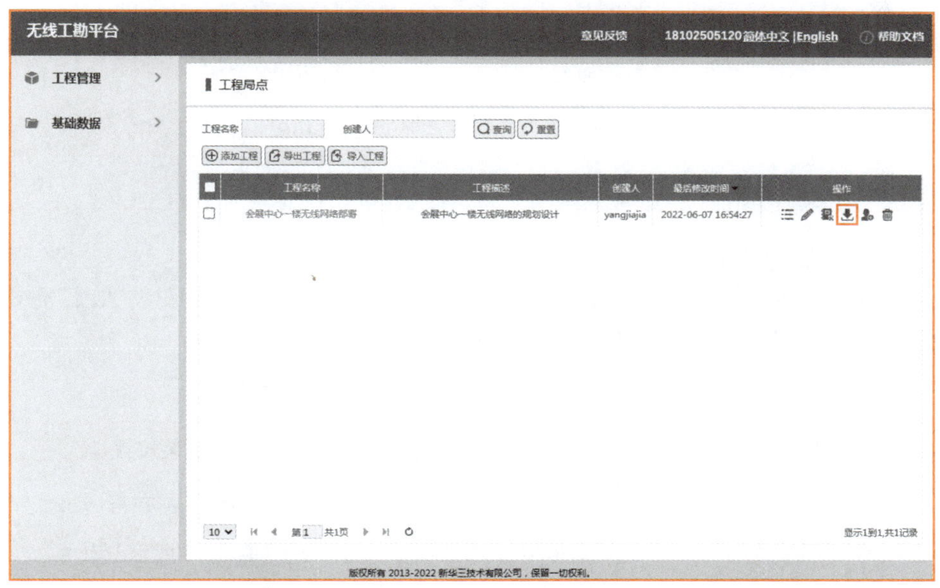

图 2-28 下载无线地勘报告

图 2-29 设置报告配置

（4）制作地勘汇报 PowerPoint 演示文稿

WLAN 工勘设计方案完成后，地勘工程师需要向会展中心网络部汇报本次地勘的结果。为方便进行汇报，地勘工程师需要对 WLAN 工勘设计方案及其他材料清单进行整理，制作一份地勘汇报 PowerPoint 演示文稿。

（5）物料清单优化

由于无线地勘系统导出报告时物料清单只输出无线 AP 数量，地勘工程师需要将其他设备手动添加到 WLAN 工勘设计方案中。考虑到 AP 的供电，需要配备一台 POE 交换机。同时，会展中心无线覆盖拟用无线 AC 对 AP 进行统一管理，因此需要配备一台无线 AC。最终确定的物料清单见表 2-12。

表 2-12 物料清单

楼层信息	设备类型	设备型号	数量 / 台
会展中心	无线 AP	WA6638	7
		WA6320	1
核心机房	POE 交换机	S5800	1
	无线 AC	WX5510E	1
合计			10

(6) 制作 AP 点位图说明

AP 点位图已标注出 AP 的大致安装位置，为了方便施工人员现场安装 AP，需要制作 AP 点位图说明，清晰地描述 AP 具体安装位置。AP 点位图说明见表 2-13。

表 2-13 AP 点位图说明

AP 名称	安装方式	安装位置
AP-1	吊顶	展区 -1 展台西南角
AP-2	吊顶	展区 -1 展台东南角
AP-3	吊顶	展区 -1 正门向北 15m
AP-4	吊顶	展区 -2 正门向北 15m
AP-5	吊顶	展区 -2 展台西南角
AP-6	吊顶	展区 -2 展台东南角
AP-7	壁挂	大型会议室西面墙正中
AP-8	壁挂	小型会议室北面墙正中

(7) 制作 AP 信息表

由于在地勘系统中已调整 AP 的功率、信道等信息，而设备安装后调试时不可能直接按照 AP 点位图或地勘系统来配置 AP 的功率和信道等，因此需要提前将 AP 相关信息整理到 AP 信息表中，见表 2-14。

表 2-14 AP 信息表

AP 名称	型号	信道	功率 /dBm	安装区域
AP-1	WA6638	1	13	展区 -1
AP-2	WA6638	6	11	展区 -1
AP-3	WA6638	11	20	展区 -1
AP-4	WA6638	1	20	展区 -2

续表

AP 名称	型号	信道	功率 /dBm	安装区域
AP-5	WA6638	11	13	展区 -2
AP-6	WA6638	6	10	展区 -2
AP-7	WA6638	6	15	大型会议室
AP-8	WA6320	1	10	小型会议室

2.5 项目验证

项目建设评估后，需要整理项目的输出文件，包括建筑平面图、SSID 信息表、AP 部署数量表等。建筑平面图如图 2-11 所示，SSID 信息表、AP 部署数量表见表 2-7 和表 2-9。

通过地勘系统确定 AP 点位后，地勘工程师需要输出一份 AP 点位与信道确认图纸，以便与会展中心信息部进行确认，如图 2-30 所示。

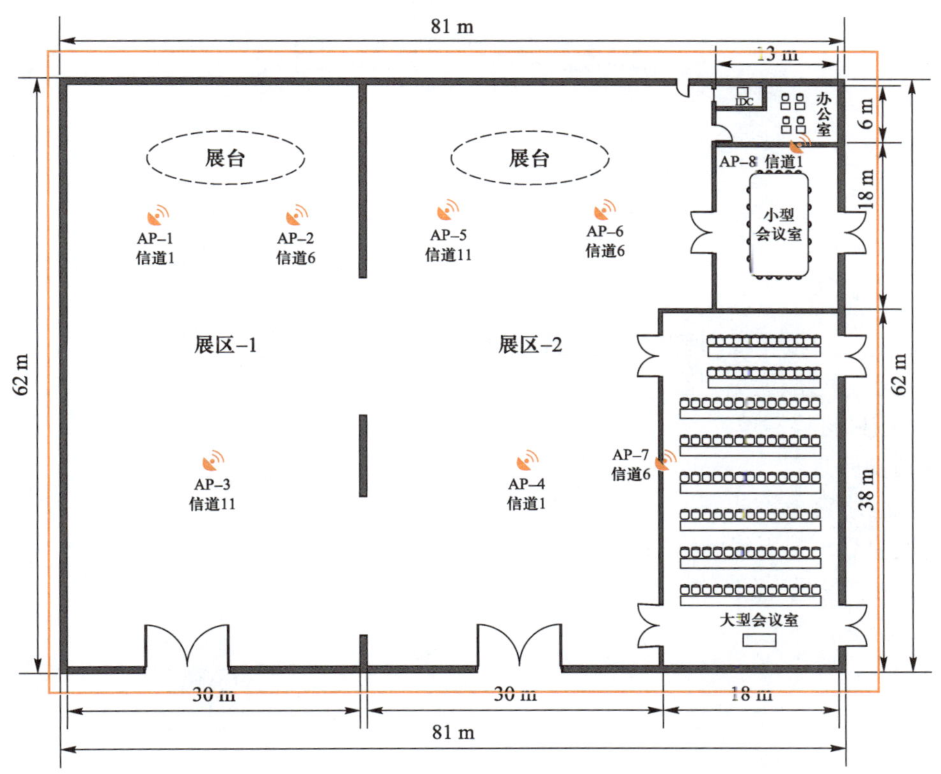

图 2-30 AP 点位与信道确认图纸

项目完成后，需要输出 WLAN 无线网络工勘设计方案，方案示例如下。

WLAN 无线网络工勘设计方案
会展中心一楼无线网络部署

新华三集团
2022 年 5 月 26 日

目录

1 基础信息

项目名称	会展中心一楼无线网络部署项目	工勘单位	新华三公司
工勘区域	会展中心一楼	工勘时间	2022 年 5 月 26 日
工勘部门		参与人员	张工
			李工
			刘工
工勘事由	为了满足会展中心一楼无线网全面覆盖的需求，对待建无线点位和布线进行技术勘测		

2 会展中心一楼无线网络部署无线工勘概况

2.1 无线网络覆盖范围

2.2 项目材料清单

工勘结果（无线设备统计）								
楼栋信息	楼层信息	部署方案	AP 型号	数量	天线型号	数量	馈线型号	数量

总计（无线设备清单）		
设备型号	数量 / 台	备注
WA6320	1	
WA6638	7	

注：安装部署时根据实地情况可能会与表格数据存在差异！

方案无线设备清单						
方案名称	设备型号	AP 数量	天线类型	天线数量	AP 数量合计	天线数量合计
会展中心一楼无线网络的规划设计	WA6320	1	内置	0	8	0
会展中心一楼无线网络的规划设计	WA6638	7	内置	0		

3 规划设计原则

3.1 无线网络覆盖原则

无线网络规划主要涉及 AP 的覆盖范围和覆盖范围内的信号强度，其中覆盖半径和覆盖距离是覆盖范围的重要指标。

……

4 无线网络容量设计

4.1 并发数设计

单 AP（或者射频卡）并发用户数的多少是影响用户体验的一个重要因素，基于 CSMA/CA 总线型的访问机制，并发用户越多，单个用户的带宽体验就越差。以放装型 11AC AP 为例，5 GHz 单射频接入用户在 30 人以内为最佳，2.4 GHz 射频接入用户在 15 人之内为最佳。

……

5 会展中心一楼无线网络部署方案

5.1 主要场景介绍

5.2 设备部署方案

5.2.1 会展中心一楼无线网络部署 - 会展中心一楼无线网络的规划设计

5.2.1.1 会展中心一楼无线网络的规划设计

……

（1）场所实景图

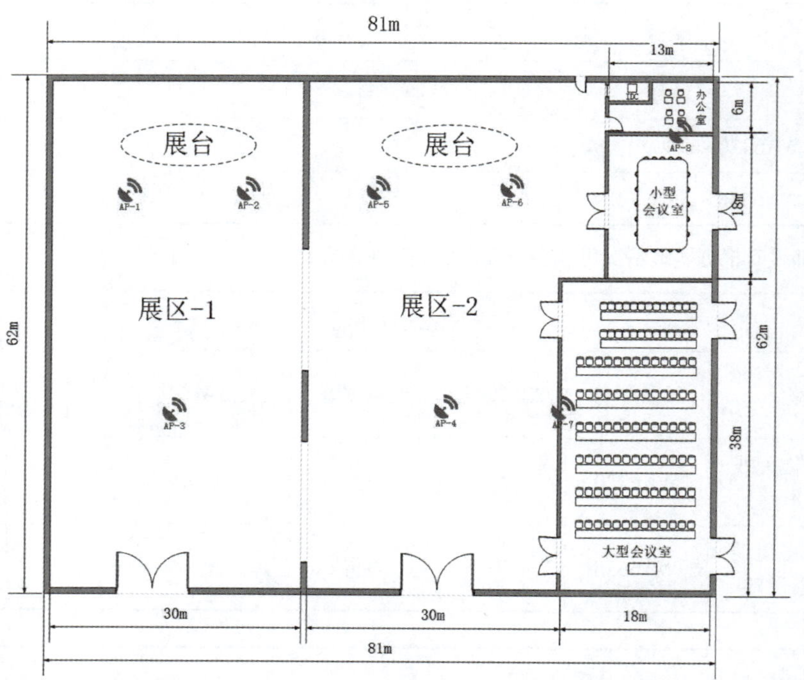

（2）AP 部署点位图及 AP 列表

覆盖范围区域	楼层	AP 型号	AP 名称	AP 部署位置	5 GHz 信道	2.4 GHz 信道	Radio1	Radio2	Radio3
会展中心一楼无线网络的规划设计	一楼	WA6638	AP-1		20	13	36	149	1
会展中心一楼无线网络的规划设计	一楼	WA6638	AP-2		20	11	40	153	6
会展中心一楼无线网络的规划设计	一楼	WA6638	AP-3		20	20	44	157	11
会展中心一楼无线网络的规划设计	一楼	WA6638	AP-4		20	20	48	161	1
会展中心一楼无线网络的规划设计	一楼	WA6638	AP-5		20	13	52	165	11
会展中心一楼无线网络的规划设计	一楼	WA6638	AP-6		20	10	60	149	6
会展中心一楼无线网络的规划设计	一楼	WA6638	AP-7		20	15	64	153	6
会展中心一楼无线网络的规划设计	一楼	WA6320	AP-8		20	10	40	1	N/A

（3）AP 覆盖 2.4 GHz 仿真图

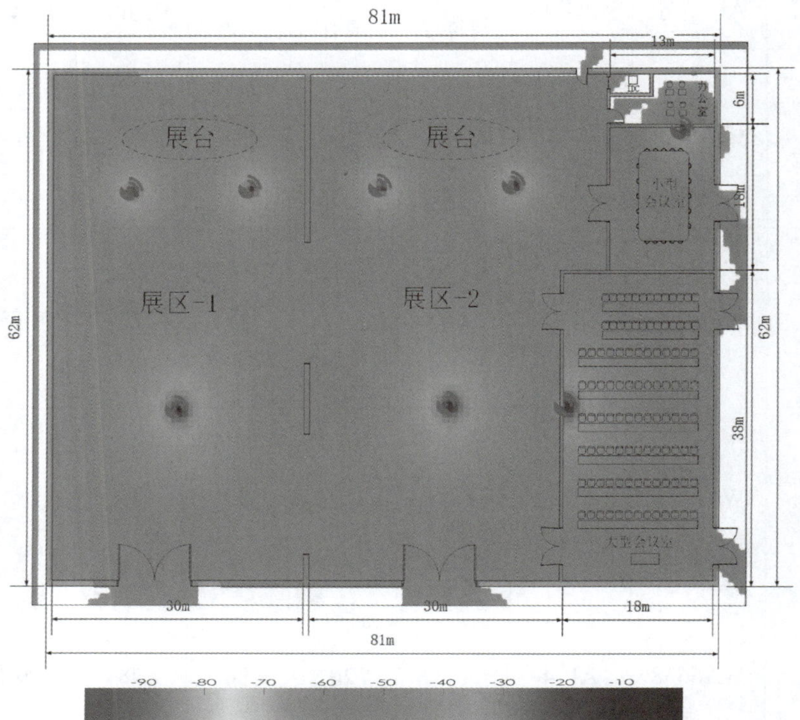

（4）AP 覆盖 5 GHz 仿真图

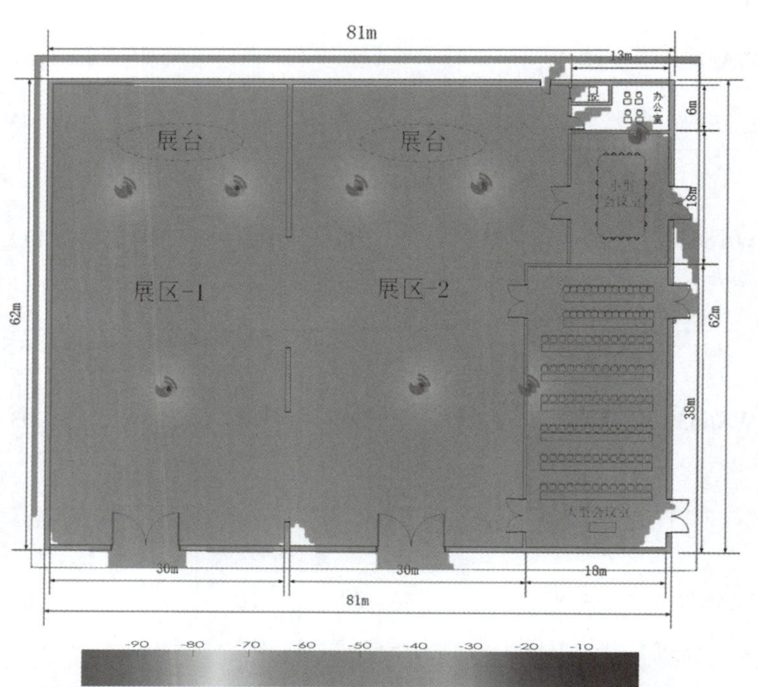

（5）AP 覆盖 2.4 GHz 弱场图

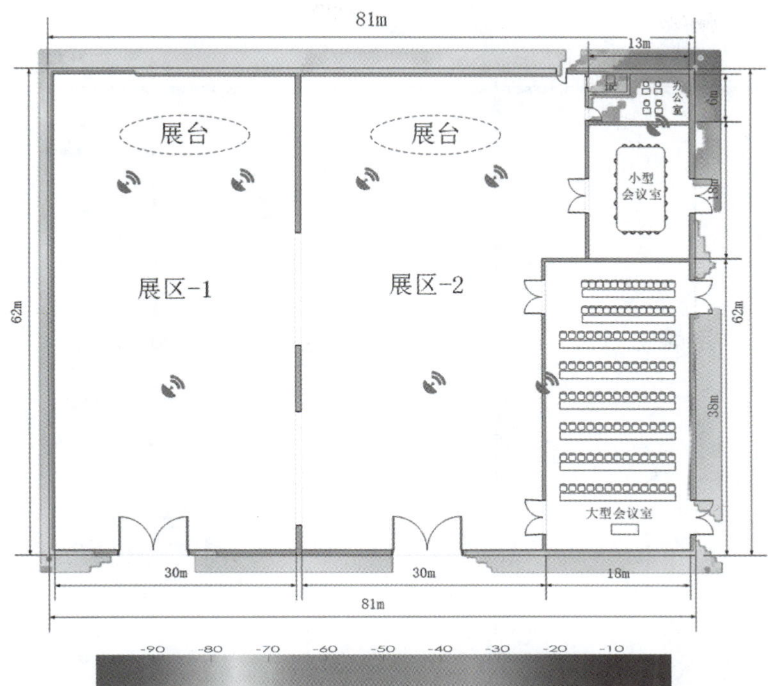

（6）AP 覆盖 5 GHz 弱场图

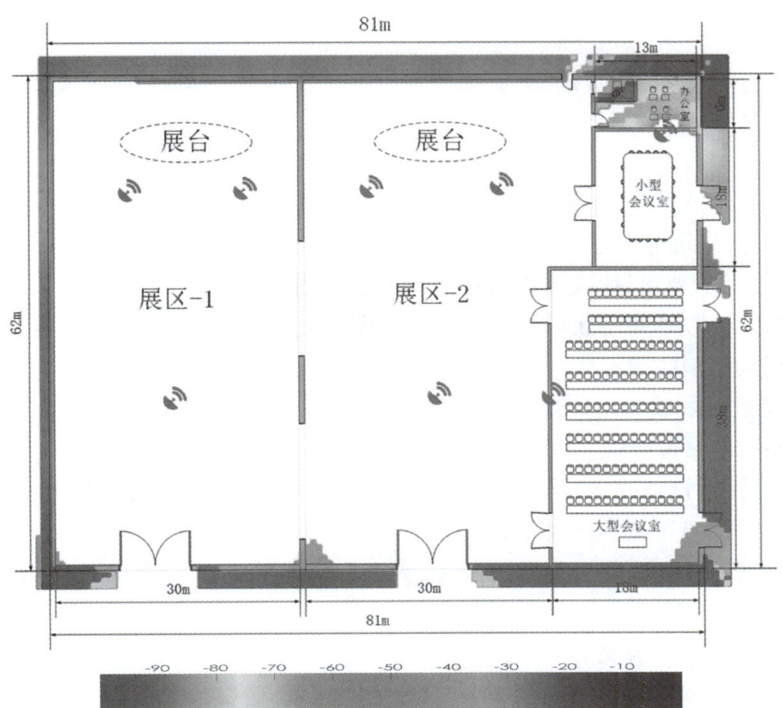

（7）验收点位图

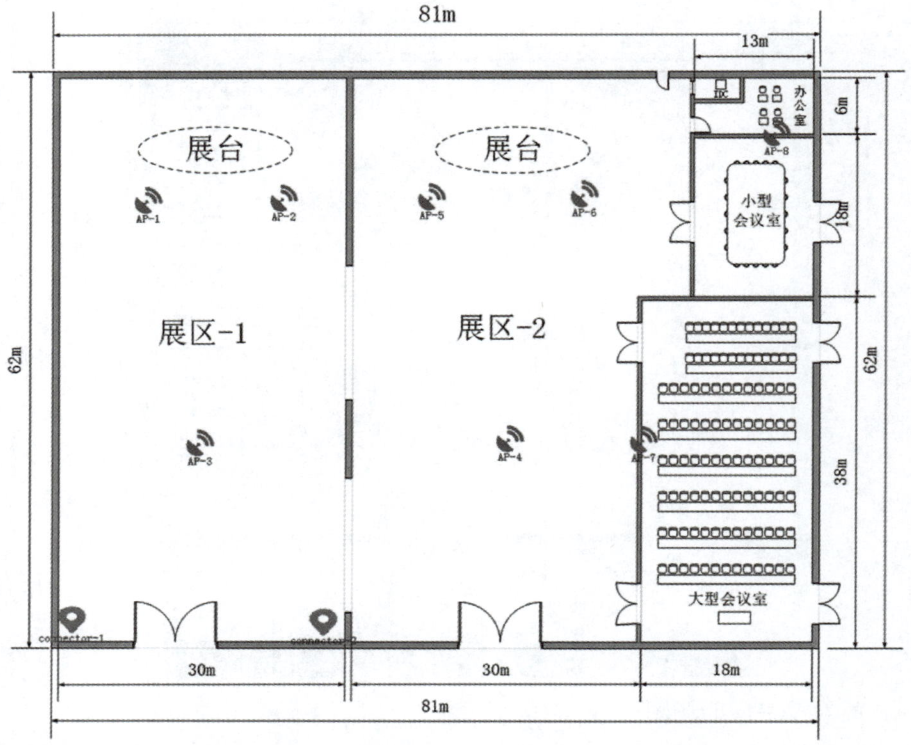

81m
13m
办公室
6m
展台
展台
AP-1
AP-2
AP-5
AP-6
AP-8
小型会议室
18m
展区-1
展区-2
62m
62m
AP-3
AP-4
AP-7
38m
大型会议室
connector-1
connector-2
30m
30m
18m
81m

2.6 项目习题

1．以下属于获取无线覆盖建筑平面图的途径的有（　　）。（多选）

A．向基建等部门获取电子建筑平面图（一般为 VSD 或 CAD 格式）

B．向信息化等部门获取图片格式的建筑平面图

C．向档案中心等部门获取纸质建筑平面图纸

D．找到楼层消防疏散图

2．确定无线覆盖区域时，覆盖区域一般分为（　　）。（多选）

A．主要覆盖目标　　B．次要覆盖目标

C．特殊覆盖目标　　D．无需覆盖目标

3．重点区域的信号覆盖强度要求是（　　）。

A．-40 ～ -65 dBm　　B．-50 ～ -75 dBm

C．-40 ～ -75 dBm　　D．-40 ～ -80 dBm

4．以下介质衰减程度最高的是（　　）。

A．石膏　　B．金属　　C．混凝土　　D．砖石

5. 在无线地勘中，需要注意的风险有（　　）。（多选）

A. 覆盖风险
B. 同频干扰风险
C. 隐藏节点风险
D. 带点数风险
E. 未知 STA 风险
F. 射频干扰风险
G. 特殊应用风险

6. 无线地勘前期准备有（　　）。（多选）

A. 获取并熟悉覆盖区域平面图
B. 初步了解用户接入需求
C. 初步了解用户现网情况
D. 确定用户方项目接口人
E. 勘测工具准备
F. 勘测软件准备

7. WLAN 工勘设计方案包括（　　）。（多选）

A. WLAN 工勘设计方案
B. WLAN 工勘设计方案分析
C. AP 点位图
D. AP 点位图说明
E. AP 信息表
F. 物料清单
G. 安装环境检查表

项目 3 新华三智慧园区智能无线网络的部署与实施

3.1 项目背景 

新华三智慧园区会展中心对新华三公司提供的无线地勘报告非常满意，按无线地勘报告的设备清单先期完成了无线 AC、无线 AP、交换机、POE 适配器等设备的采购，并将所有的 AP 都安装到指定位置，现准备进行设备的调试工作。

鉴于对新华三公司网络工程师专业性的高度认可，会展中心决定继续由新华三公司进行设备的部署和调试。第一期拟将会展中心展区的两个 AP 先启用，并帮助会展中心的网络管理员熟悉无线网络的配置与管理工作。第一期项目网络拓扑如图 3-1 所示。

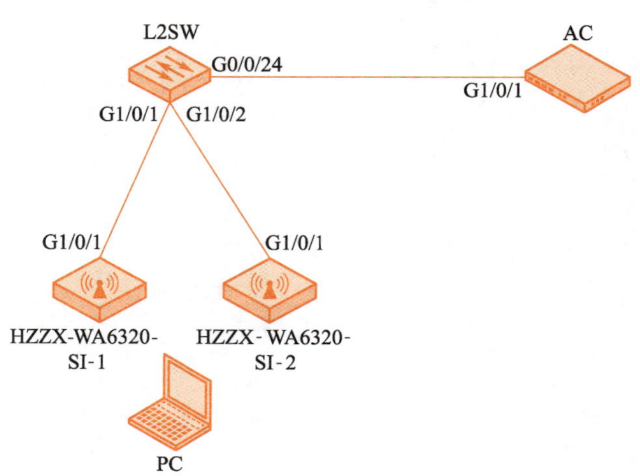

图 3-1 会展中心智能无线网络部署第一期项目网络拓扑图

无线局域网的组网根据实际的应用场景可以采用不同的方式。对于大多数家庭和小型企业办公室来说，一般采用无线路由器或 Fat AP 组网，但是对于大型的局域网来说，就必须采用 Fit AP 组网。智能无线网通常就是指 Fit AP 无线组网方式，它由"AC+AP"构成，会展中心智能无线网络项目正是这种组网方式。

要熟悉智能无线网络的配置与管理，需要完成以下目标：

① 熟悉 Fat AP 和 Fit AP 的区别。

② 熟悉 Fit AP 的工作原理。

③ 了解 CAPWAP 基本原理。

④ 了解二层漫游与三层漫游。

⑤ 了解本地转发与集中转发。

3.2 需求分析

会展中心智能无线网络部署一期项目由一台 AC、一台交换机和两个 AP 构成，本项目选用 WX2540H 作为 AC，并接入会展中心交换机，AP 需要采用 POE 供电，因此本次项目实施需要选用 POE 交换机。

综上所述，本次项目实施具体包括以下几部分：

① 使用 POE 交换机替换原交换机，并将该交换机连接到 AC 中。

② 会展中心无线网络的 VLAN 规划、IP 规划、WLAN 规划等。

③ 会展中心无线网络的部署与测试。

3.3 项目相关知识

1. 无线协议标准

IEEE 802.11 是现今无线局域网通用的标准，它包含多个子协议标准，下面介绍常见的几个子协议标准。

（1）IEEE 802.11b

IEEE 802.11b 协议标准运作模式基本分为两种：点对点模式和基本模式。点对点模式是指站点（如无线网卡）和站点之间的通信方式。IEEE 802.11b 提供 11 Mb/s 的物理层最大传输速率，扩展的直序扩频（Direct Sequencing Spread Spectrum，DSSS），用标准的补码键控（Complementary Code Keying，CCK）调制，传输速率为 1 Mb/s、2 Mb/s、5.5 Mb/s 和 11Mb/s，工作在 2.4 GHz 频段，支持 13 个信道、3 个不重叠信道（1、6、11）。

（2）IEEE 802.11a

IEEE 802.11a 协议标准是 IEEE 802.11b 协议标准的后续标准。5 GHz IEEE 802.11a 协议标准的传输技术为多路载波调制技术，它工作在 5 GHz 频段，物理层传输速率可达 54 Mb/s，传输层可达 25 Mb/s，可提供 25 Mb/s 的无线 ATM（Asynchronous Transfer Mode，异步传输模式）

接口和 10 Mb/s 的以太网无线帧结构接口；支持语音、数据、图像业务；一个扇区可接入多个用户，每个用户可带多个用户终端。

（3）IEEE 802.11g

IEEE 802.11 工作组于 2003 年定义了新的物理层协议标准 IEEE 802.11g。与以前的 IEEE 802.11 协议标准相比，IEEE 802.11g 协议标准有以下特点：在 2.4 GHz 频段使用正交频分复用（OFDM）调制技术，使物理层传输速率达到 54 Mb/s，传输层传输速率提高到 20 Mb/s 以上。

（4）IEEE 802.11n

IEEE 802.11n 协议标准是在 IEEE 802.11g 协议标准和 IEEE 802.11a 协议标准之上发展起来的新协议标准，其最大的特点是传输速率提升，理论传输速率最高可达 600 Mb/s。IEEE 802.11n 可工作在 2.4 GHz 和 5 GHz 两个频段，可向后兼容 IEEE 802.11a/b/g。

（5）IEEE 802.11ac

IEEE 802.11ac 协议标准是 IEEE 802.11n 协议标准的继承者，它采用并扩展了源自 IEEE 802.11n 协议标准的空中接口（Air Interface）概念，包括更宽的 RF 带宽（提升至 160 MHz）、更多的 MIMO（Multiple-Input Multiple-Output，多入多出）空间流（Spatial Streams）（增加到 8）、多用户的 MIMO，以及更高阶的调制（Modulation）达到 256QAM（Quadrature Amplitude Modulation，正交振幅调制）。

（6）IEEE 802.11ax

IEEE 802.11ax 协议标准，也被称为高效无线网络（High-Efficiency Wireless，HEW）标准。它通过一系列系统特性和多种机制增加系统容量，通过更好的一致覆盖和减少空口介质拥塞来改善 Wi-Fi 网络的工作方式，使用户获得最佳体验，尤其在密集用户环境中，为更多的用户提供一致和可靠的数据吞吐量，其目标是将用户的平均吞吐量提高至少 4 倍。也就是说，基于 IEEE 802.11ax 协议标准的 Wi-Fi 网络意味着高容量和高效率。

IEEE 802.11ax 协议标准在物理层导入了多项大幅变更。然而，它依旧可向后兼容 IEEE 802.11a/b/g/n/ac 设备。正因如此，IEEE 802.11ax 终端（Station，Sta）能与旧有终端进行数据传送和接收，旧有终端也能解调和译码 IEEE 802.11ax 封包表头（虽然不是整个 IEEE 802.11ax 封包），并与 IEEE 802.11ax 终端传输期间进行轮询。

IEEE 802.11 协议标准的频段和最大传输速率见表 3-1。

表 3-1 IEEE 802.11 协议标准的频段和最大传输速率

协议	兼容性	频段	物理层最大传输速率
IEEE 802.11a		5 GHz	54 Mb/s
IEEE 802.11b		2.4 GHz	11 Mb/s
IEEE 802.11g	兼容 IEEE 802.11b	2.4 GHz	54 Mb/s
IEEE 802.11n	兼容 IEEE 802.11a/b/g	2.4 GHz 或 5 GHz	600 Mb/s
IEEE 802.11ac	兼容 IEEE 802.11a/n	5G Hz	6.9 Gb/s
IEEE 802.11ax	兼容 IEEE 802.11a/b/g/n/ac	2.4 GHz 或 5G Hz	9.6 Gb/s

2. Fit AP 概述

（1）Fat AP 在大规模网络应用中的劣势

Fat AP 适用于小型公司、办公室、家庭等无线覆盖场景。在中大型网络应用中，网络管理员需要部署几十甚至几千个 AP 来实现整个园区网络的无线覆盖，如一个一万人规模的学校需要的 AP 数量在 2000 个左右。Fat AP 在部署时必须针对每一个 AP 进行配置和管理，包括 AP 命名、SSID、信道、ACL 等。试想一下，网络管理员面对这几千台 AP 都需要单点管理时，如何应对以下任务：

- 修改所有 AP 的黑白名单。
- 修改所有 AP 的 SSID。
- 修改所有 AP 的 5 GHz 工作频段。
- 每天检测出现故障 AP 的数量及位置。
- 巡检 AP，并针对 AP 信道冲突做优化。

……

面对大量的 AP 需要管理，单点管理给管理员带来巨大压力，同时也暴露出 Fat AP 在进行中大规模网络部署时存在的弊端。举例如下：

- WLAN 建网需要对 AP 进行逐一配置，例如网关 IP 地址、SSID 加密认证方式、QoS 服务策略等，这些基础配置工作需要耗费大量的人工成本。
- 管理 AP 时需要维护一张 AP 的专属 IP 地址列表，维护地址关系的工作量大。
- 查看网络运行状况和用户统计、在线更改服务策略和安全策略设定时，需要逐一登录到 AP 设备上才能完成相应的操作。
- 不支持无线三层漫游功能，用户移动办公体验差。
- 升级 AP 软件需要手动逐一对设备进行升级，对 AP 设备进行重配置时需要进行全网重配置，维护成本高。

（2）Fit AP

因为采用 Fat AP 进行大规模组网管理比较烦杂，也不支持用户的无缝漫游，所以在中大规模组网中一般采用“AC+Fit AP”组网模式。“AC+Fit AP”组网模式对设备的功能进行了重新划分，其中：

- AC 负责无线网络的接入控制、转发和统计，还负责 AP 的配置监控、漫游管理、AP 的网管代理、安全控制。
- Fit AP 负责 802.11 报文的加解密、802.11 的物理层功能、接受 AC 的管理、RF 空口的统计等简单功能。

（3）Fat AP 和 Fit AP 组网比较

Fat AP 和 Fit AP 组网模式如图 3-2 所示。由图可以看出，Fit AP 的管理功能全部交由 AC 负责，Fit AP 只负责信号的传输，对于整网 Fit AP 的管理，只需要在 AC 上进行统一管理和配置即可，极大简化了 Fit AP 的管理工作。Fit AP 组网模式具有以下优点：

① 集中管理，只需在 AC 上配置，AP 零配置，管理简易。

② Fit AP 启动时自动从 AC 下载配置信息，AC 还可以对 AP 进行自动升级。

③ 增加射频环境监控功能，可基于用户位置部署安全策略，实现高安全性。

④ 支持二层和三层漫游，适合大规模组网。

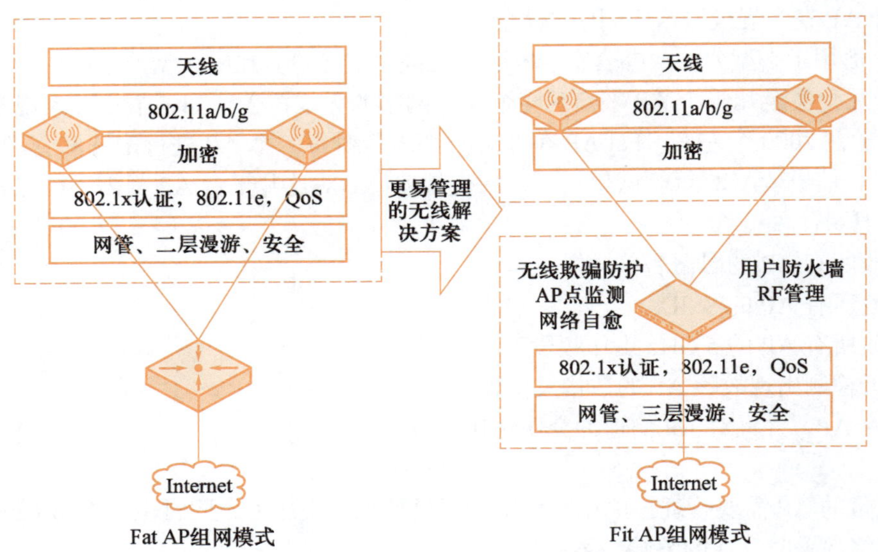

图 3-2 Fat AP 与 Fit AP 组网模式

Fat AP 与 Fit AP 组网比较见表 3-2。在中大规模组网部署应用的情况下，Fit AP 具有方便集中管理、三层漫游、基于用户下发权限等优势。因此，Fit AP 更符合 WLAN 发展趋势。

表 3-2 Fat AP 和 Fit AP 组网比较

对比内容	Fat AP	Fit AP
安全性	传统加密、认证方式、普通安全性	支持射频环境监控、基于用户位置安全策略、高安全性
网络管理	对每个 AP 下发配置文件	在 AC 上配置，AP 本身零配置
用户管理	类似有线网络，根据 AP 接入的有线端口区分权限，需针对每一个 AP 进行配置	无线虚拟专用组方式，根据用户名区分权限，整网统一管理
业务能力	① 支持二层漫游 ② 实现简单数据接入	① 支持二层、三层漫游 ② 可通过 AC 增强业务 QoS、安全等功能 ③ AP 功率、信道可智能调整
LAN 组网规模	适合小规模组网，成本较低	① 存在多厂商兼容性问题，AC 和 AP 间采用 CAPWAP，但各厂商未能采用统一的CAPWAP隧道，因此组网时需要采用相同厂商的设备 ② 与原网络拓扑无关，适合大规模组网，成本较高

（4）Fit AP 组网方式

根据 AP 与 AC 之间组网方式不同，其组网架构可分为二层组网和三层组网两种方式。

① 二层组网方式。当 AC 与 AP 之间的网络为直连网络或者二层网络时，此组网方式为二

层组网。Fit AP 和 AC 属于一个二层广播域，Fit AP 和 AC 之间通过二层交换机互联。二层组网比较简单，适用于简单或临时的组网，能够进行比较快速的组网配置，但该模式不适用于大型组网架构。本项目中的会展中心由于只有一楼，且 AP 数量较少，因此非常适合这种组网方式。二层组网方式如图 3-3 所示。

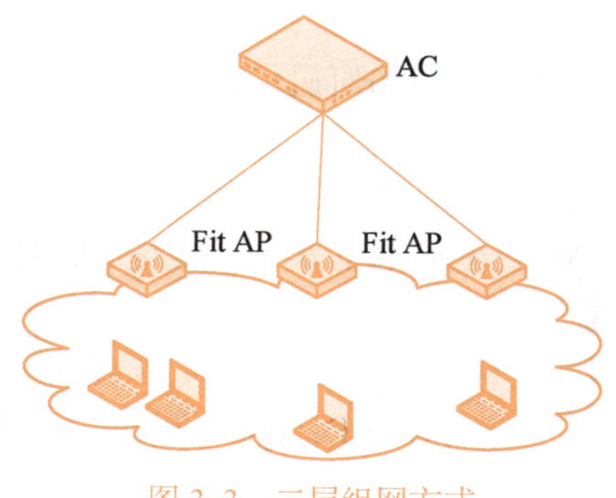

图 3-3 二层组网方式

② 三层组网方式。当 AP 与 AC 之间的网络为三层网络时，WLAN 组网为三层组网，该方式下 Fit AP 和 AC 属于不同的 IP 网段，Fit AP 和 AC 之间的通信需要通过路由器或者三层交换机路由转发功能来完成。

在实际组网中，一台 AC 可以连接几十甚至几千个 AP，组网一般比较复杂。比如在校园网络中，AP 可以部署在教室、宿舍、会议室、体育馆等场所，而 AC 部署在核心机房，这样 AP 和 AC 之间的网络就必须采用比较复杂的三层网络。三层组网方式如图 3-4 所示。

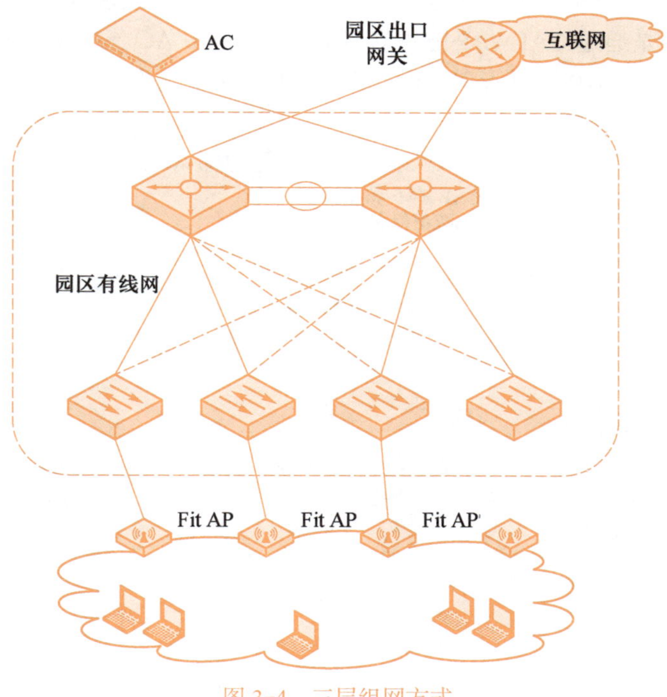

图 3-4 三层组网方式

3. CAPWAP 隧道技术

在 Fit AP 组网模式中，AC 负责 AP 的管理与配置，那么 AC 和 AP 如何相互发现和通信呢？在以 AC+Fit AP 为架构的 WLAN 网络下，AP 与 AC 间通信接口的定义，成为整个无线网络的关键。国际标准化组织以及部分厂商为统一 AP 与 AC 的接口制定了一些规范，目前普遍使用的是 CAPWAP 协议。

CAPWAP 协议定义了 AP 与 AC 之间如何通信，为实现 AP 和 AC 之间的互通性提供了一个通用封装和传输机制。

（1）CAPWAP 协议基本概念

CAPWAP 协议用于 AP 和 AC 之间的通信交互，实现 AC 对其所关联的 AP 的集中管理和控制。该协议主要包括以下内容：

① AP 对 AC 的自动发现及 AP 与 AC 的状态机运行、维护。AP 启动后将通过 DHCP 自动获取 IP 地址，并基于用户数据报协议（User Datagram Protocol，UDP）主动联系 AC，AP 运行后将接受 AC 的管理与监控。

② AC 对 AP 进行管理、业务配置下发。AC 负责 AP 的配置管理，包括 SSID、VLAN、信道、功率等内容。

③ Sta 数据封装 CAPWAP 隧道进行转发。在集中转发模式下，Sta 发送的数据将被 AP 封装成 CAPWAP 报文，然后通过 CAPWAP 隧道发送到 AC，由 AC 负责转发。

（2）CAPWAP 的集中转发与本地转发

从 Sta 数据报文转发的角度出发，Fit AP 的架构进一步划分为集中转发模式和本地转发模式。

① 集中转发模式。集中转发模式也称隧道转发模式，该转发模式中，所有 Sta 的数据报文和 AP 的控制报文都是通过 CAPWAP 隧道转发到 AC，再由 AC 集中交换和处理，如图 3-5 所示。因此，AC 不但要对 AP 进行管理，还要作为 AP 流量的转发中枢。

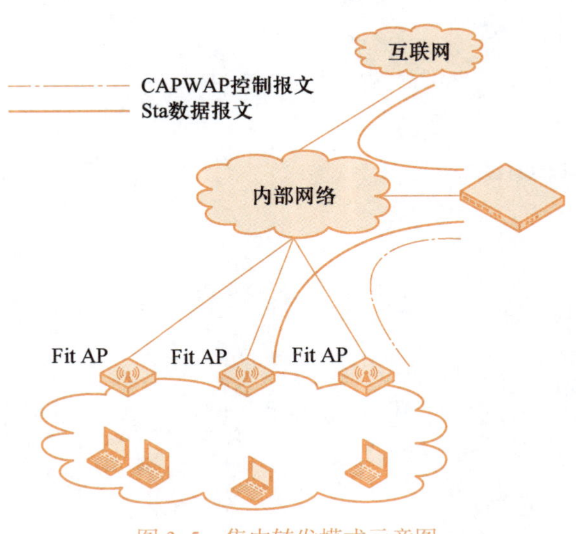

图 3-5 集中转发模式示意图

② 本地转发模式。本地转发模式中，AC 只对 AP 进行管理，业务数据都是由本地直接

转发，即 AP 管理流封装在 CAPWAP 隧道中，转发给 AC，由 AC 负责处理，如图 3-6 所示。AP 的业务流不经 CAPWAP 封装，而直接由 AP 转发给上联交换设备，然后交换机进行本地转发。因此，对于用户的数据，其对应的 VLAN 对于 AP 来说不再透明，AP 需要根据用户所处的 VLAN 打上相应的 802.1Q 标签，然后转发给上联交换机，交换机则按 802.1Q 规则直接转发该数据包。

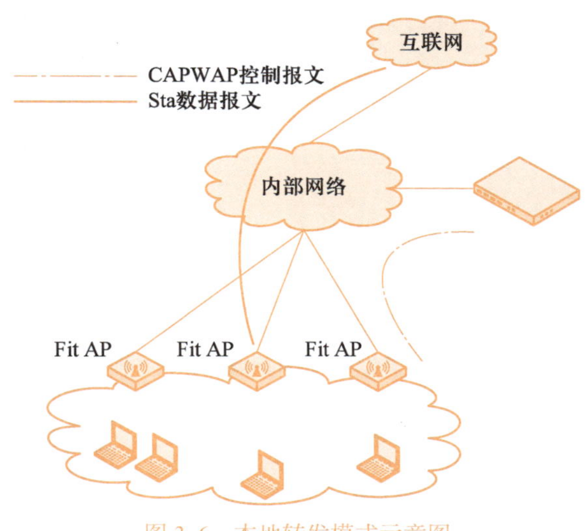

图 3-6 本地转发模式示意图

通过对比两种模式可以发现，随着 Sta 传输速率的不断提高，AC 的转发压力也随之增大。如果采用集中转发模式，对于 AC 的包处理能力和原有有线网络的数据转发都是较大的挑战。而采用本地转发模式后，AC 只对 AP 与 Sta 进行管理和控制，不负责 Sta 业务数据的转发，这既减轻了 AC 的负担，也降低了有线网络的网络流量。

（3）本地转发模式与集中转发模式的典型案例

① 集中转发模式的典型案例。在酒店无线应用场景中，客户的上网流量几乎都是访问外网的，以纵向流量为主，因此几乎所有的流量都是先发送到数据中心，再转发到外网。综合考虑客户的上网安全和网络流量特征，如果采用本地转发模式，在增加接入交换机和 AP 的包处理工作量基础上并不能提升网络性能；而采用集中转发模式，则有利于保证用户数据安全，同时充分利用 AC 的包处理能力提升网络性能。

② 本地转发模式的典型案例。在校园网基于无线网络开展互动教学场景中，教师计算机和学生平板电脑在课室内部有大量的数据交互，以横向流量为主。如果采用集中转发模式，这些数据都需要从课室经由骨干网发送到数据中心 AC，然后再经由骨干网转发回课室的各设备，这些数据相当于都必须由课室到数据中心的 AC 转一个来回，既耗费有线网络和无线 AC 的资源，同时数据延迟也比较大。如果采用本地转发模式，这些交互数据将直接通过课室本地交换机进行处理，不仅降低骨干网负载，还有效解决了数据延迟的问题。

4. CAPWAP 隧道建立过程

AP 启动后先要找到 AC，然后和 AC 建立 CAPWAP 隧道，它需要经历 AP 通过 DHCP 获得 IP（DHCP）、AP 通过“发现”机制寻找 AC（Discover）、AP 和 AC 建立 DTLS 连接（DTLS Connect）、在 AC 中注册 AP（Join）、固件升级（Image Data）、AP 配置请求（Configure）、AP 状态事件响应（State Event）、AP 工作（Run）、AP 配置更新管理（Update Config）等过程和状态，如图 3-7 所示。

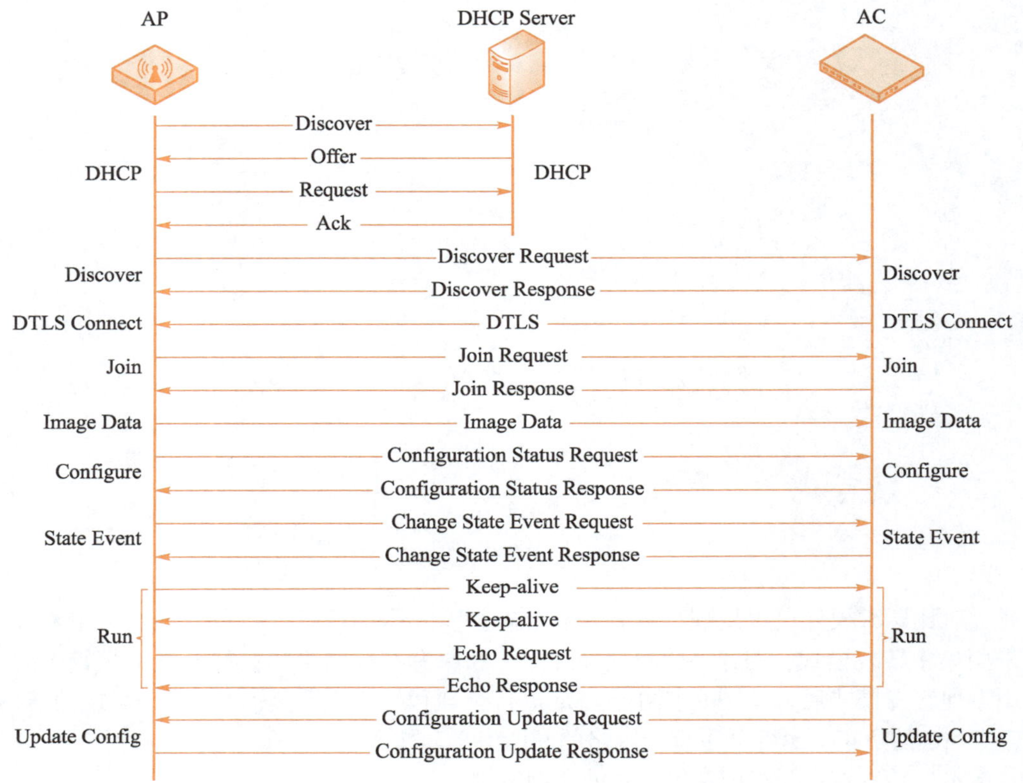

图 3-7 CAPWAP 隧道建立过程

（1）AP 通过 DHCP 获得 IP（DHCP）

AP 启动后，它首先将作为一个 DHCP Client（客户端）寻找 DHCP Server（服务器），当它找到 DHCP Server 后将最终获得 IP 地址、租约、DNS、Option 字段信息等配置信息，其中 Option 字段信息包含了 AC 的地址列表，AP 获取 IP 后将通过 Option 字段信息里面的地址联系 AC。

AP 和 DHCP 服务器通信并获取 IP 地址的过程包括 Discover（发现）、Offer（提供）、Request（请求）、Ack（确认），如图 3-8 所示。

（2）AP 通过“发现”机制寻找 AC（Discover）

在 AP 通过 DHCP 获得 IP 的过程中，AP 是从 DHCP 的 Option 信息中获取 AC 的 IP 地址列表的，但如果网络原有的 DHCP 服务器并没有提供这项配置，那么工程师可以预先对 AP 配置 AC IP 列表，这样 AP 启动后就可以基于 AC IP 列表地址寻找 AC 了。AP 寻找 AC 的过程如图 3-9 所示。

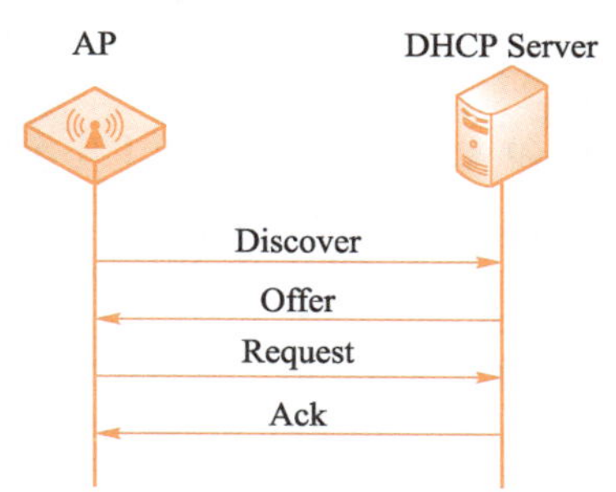

图 3-8 AP 获取 IP 地址的 4 个步骤

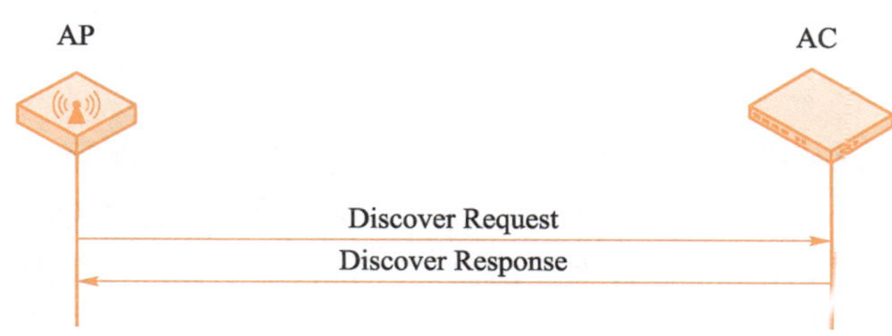

图 3-9 AP 寻找 AC 的过程

AP 可以通过单播或广播寻找 AC，具体情形如下：

① 单播寻找 AC：如果 AP 存在 AC IP 列表，则通过单播发送报文给 AC。

② 广播寻找 AC：如果 AP 不存在 AC IP 列表或单播没有回应时，则通过广播发送报文寻找 AC。

AP 会给 AC IP 列表的所有 AC 发送“Discover Request”（发现请求）报文，当 AC 收到后会发送一个单播“Discover Response”（发现响应）给 AP。因此，AP 可能收到多个 AC 的 Discover Response，AP 将根据 AC 响应数据包中的 AC 优先级或者其他策略（如 AP 个数等）来确定与哪个 AC 建立 CAPWAP 连接。

（3）AP 和 AC 建立 DTLS 连接（DTLS Connect）

DTLS 提供了 UDP 传输场景下的安全解决方案，能防止消息被窃听、篡改及身份冒充等问题。

在 AP 通过“发现”机制寻找 AC 的过程中，AP 接收到 AC 的响应消息后，它开始与 AC 建立 CAPWAP 隧道。由于从下一步在 AC 中注册 AP 开始的 CAPWAP 控制报文都必须经过 DTLS 加密传输，因此在本阶段 AP 和 AC 将通过协商建立 DTLS 连接，过程如图 3-10 所示。

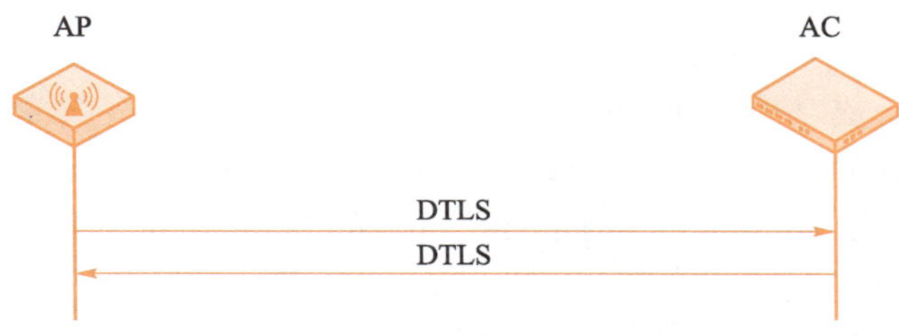

图 3-10 AC 和 AP 建立 DTLS 连接

（4）在 AC 中注册 AP（Join）

在 AC 中注册 AP，前提是 AC 和 AP 工作在相同的工作机制上，包括系统版本号、控制报文优先级等信息一致。在 AC 中注册 AP 的过程如图 3-11 所示。

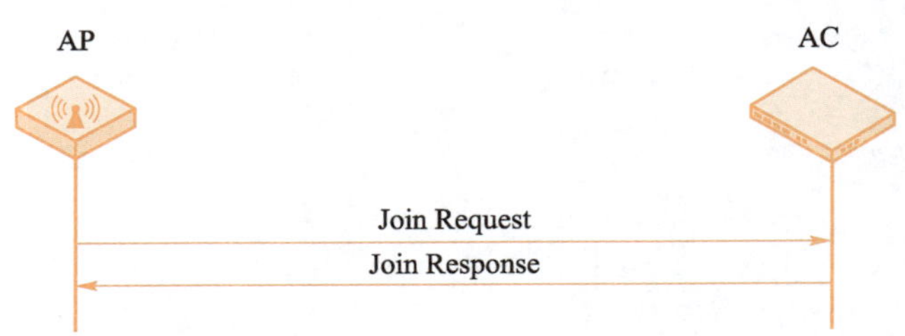

图 3-11 在 AC 中注册 AP 的过程

AP 和 AC 建立 CAPWAP 隧道连接后，AC 与 AP 开始建立控制通道。在建立控制通道的过程中，AP 通过发送"Joiny Request"（加入请求）报文将 AP 的相关信息（如 AP 版本信息、胖瘦模式信息等）发送给 AC。AC 收到该消息后，将校验 AP 是否在黑白名单中，通过校验则 AC 会检查 AP 的当前版本。如果 AP 的版本与 AC 要求的版本不匹配，AP 和 AC 会进入 Image Data 状态进行固件升级，并更新 AP 的版本；如果 AP 的版本符合要求，则发送"Join Response"（加入响应）报文（主要包括用户配置的升级版本号、握手报文间隔 / 超时时间、控制报文优先级等信息）给 AP，然后进入 Configure 状态进行 AP 配置请求。

（5）固件升级（Image Data）

AP 比对 AC 的版本信息，如果 AP 版本号较旧，则 AP 通过"Image Data Request"（映像数据请求）和"Image Data Response"（映像数据响应）报文在 CAPWAP 隧道上开始更新软件版本，如图 3-12 所示。AP 在软件更新完成后会重新启动，重新进行 AC 发现、建立 CAPWAP 隧道等过程。

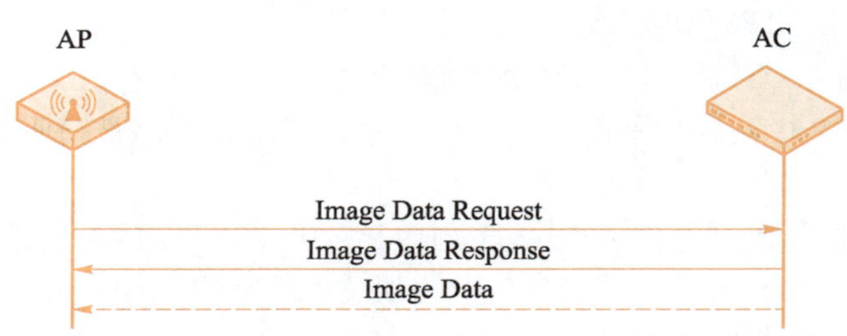

图 3-12 AP 固件升级过程

（6）AP 配置请求（Configure）

AP 在 AC 中注册成功且固件版本信息检测通过后，AP 将发送"Configuration Status Request"（配置状态请求）报文给 AC，报文包括 AC 名称、AP 当前配置状态等信息。

AC 收到 AP 的配置请求报文后，将进行 AP 的现有配置和 AC 设定配置的匹配检查，如果不匹配，AC 会通过"Configuration Status Response"（配置状态响应）报文将最新的 AP 配置信息发送给 AP，AC 对 AP 的配置进行覆盖。AP 配置请求过程如图 3-13 所示。

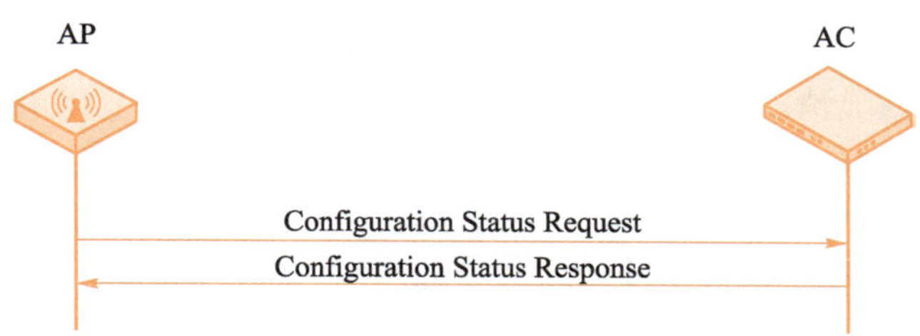

图 3-13 AP 配置请求过程

（7）AP 状态事件响应（State Event）

AP 完成配置更新后，AP 将发送“Change State Event Request”（更改状态事件请求）报文，其中包含 Radio、Result、Code 等配置信息。AC 接收到“Change State Event Request”（更改状态事件请求）报文后，会对 AP 配置信息进行数据检测，如果不匹配，则重新进行 AP 配置请求；如果检测通过，AC 回应“Change State Event Response”（更改状态事件响应）报文，AP 保持当前状态继续工作，AP 将进入工作（Run）状态，开始提供无线接入服务。

AP 除了在完成第一次配置更新时会发送 Change State Event Request 报文外，AP 自身工作状态发生变化时也会通过发送 Change State Event Request 报文告知 AC。AP 状态事件响应过程如图 3-14 所示。

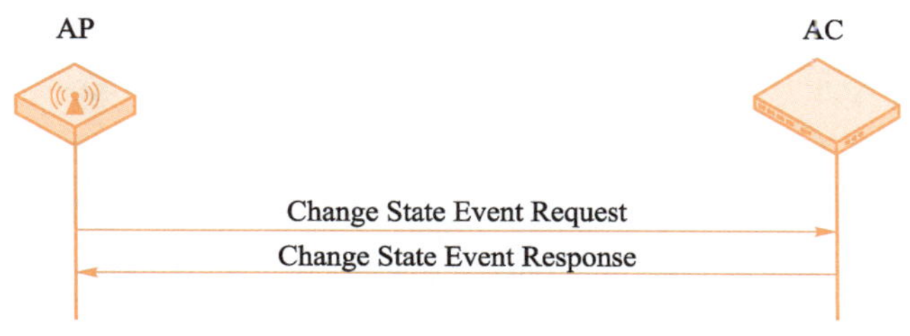

图 3-14 AP 状态事件响应过程

（8）AP 工作（Run）

AP 开始工作后，需要与 AC 保持互联，它通过发送两种报文给 AC 来维护 AC 和 AP 的数据隧道和控制隧道。

① 数据隧道。“Keep-alive”（保持连接）数据通信用于 AP 和 AC 双方确认 CAPWAP 中数据隧道的工作状态，确保数据隧道保持畅通。AP 与 AC 间的 Keep-alive 数据隧道周期性检测机制如图 3-15 所示。AP 周期性发送 Keep-alive 到 AC，AC 收到后将确认数据隧道状态。如果正常，AC 也将回应 Keep-alive，AP 保持当前状态继续工作，定时器重新开始计时；如果不正常，则 AC 会根据故障类型进行自动排障或告警。

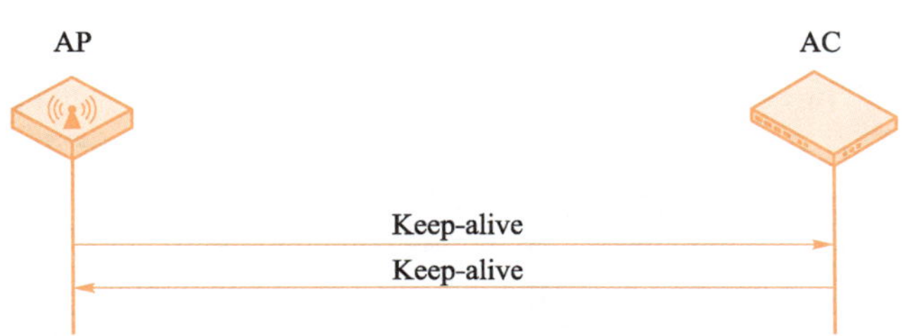

图 3-15 AP 与 AC 间的 Keep-alive 数据隧道周期性检测机制

② 控制隧道。AP 与 AC 间的 Echo 控制隧道周期性检测机制如图 3-16 所示。AP 周期性发送“Echo Request”（回显请求）报文给 AC，并希望得到 AC 的回复以确定控制隧道的工作状态，该报文包括 AP 与 AC 间控制隧道的相关状态信息。AC 收到 Echo Request 报文后，将检测控制隧道的状态，如果没有异常，则回应“Echo Response”（回显响应）报文给 AP，并重置隧道超时定时器；如果有异常，则 AC 会进入自检程序或告警。

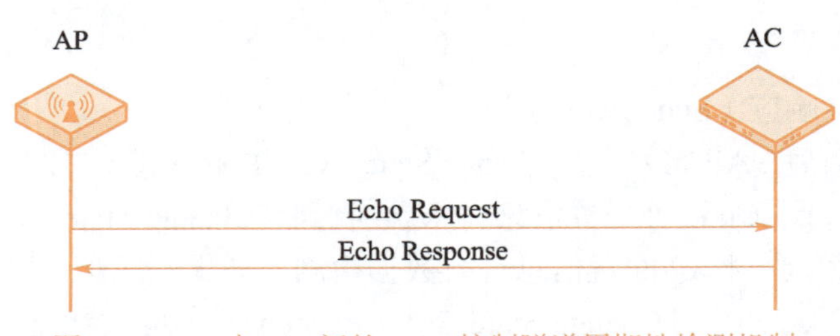

图 3-16 AP 与 AC 间的 Echo 控制隧道周期性检测机制

（9）AP 配置更新管理（Update Config）

当 AC 在运行状态中需要对 AP 进行配置更新操作时，AC 发送“Configure Update Request”（配置更新请求）给 AP，AP 收到该消息后将发送“Configure Update Response”（配置更新响应）给 AC，并进入配置更新过程，如图 3-17 所示。

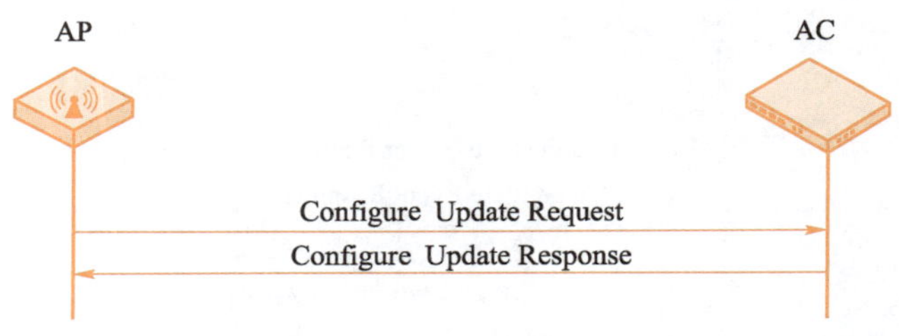

图 3-17 AC 更新 AP 配置过程

5. Fit AP 配置过程

AP 的配置主要分为有线部分和无线部分，各部分对应的配置逻辑如图 3-18 所示。

（1）有线部分的配置

① 创建 AP VLAN 及业务 VLAN，分别为 AP 所在 VLAN 及 Sta 所在 VLAN。

② 配置 Vlan-int 接口 IP 地址，分别作为 AP 及 Sta 的网关。

③ 配置 DHCP 功能，在 AP VLAN 启用 DHCP，为 AP 分配 IP 地址并通过 138 选项字段将 AC 的 CAPWAP 隧道源地址告知 AP，AP 获取该字段信息后，主动与 AC 建立 CAPWAP 隧道；在业务 VLAN 启用 DHCP，为 Sta 分配 IP 地址。

④ 配置网络设备（可能是交换机）连接 AP 的接口，通过封装相应的 VLAN 使这些 VLAN 中的数据可以通过以太网接口转发到 AP。

（2）无线部分的配置

① 创建无线服务模板，配置 SSID 名称、加密方式等，用户可以通过搜索 SSID 加入相应的 WLAN 中。

② AP 配置，创建手工 AP，配置 AP 序列号，将无线服务模板绑定到 Radio，开启 Radio 的射频功能。

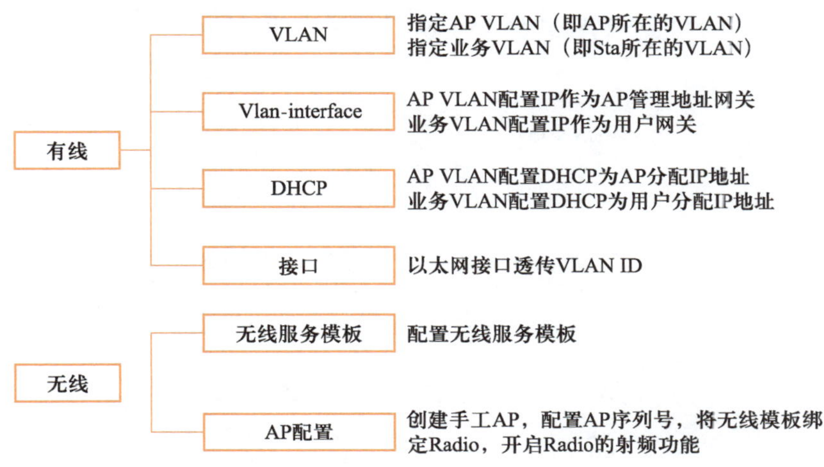

图 3-18 AP 配置逻辑图

3.4 项目规划设计

1. 项目拓扑

本项目中将交换机更换为带 POE 供电的交换机（L2SW），AP 连接在交换机上，再通过交换机连接到 AC，其网络拓扑如图 3-19 所示。

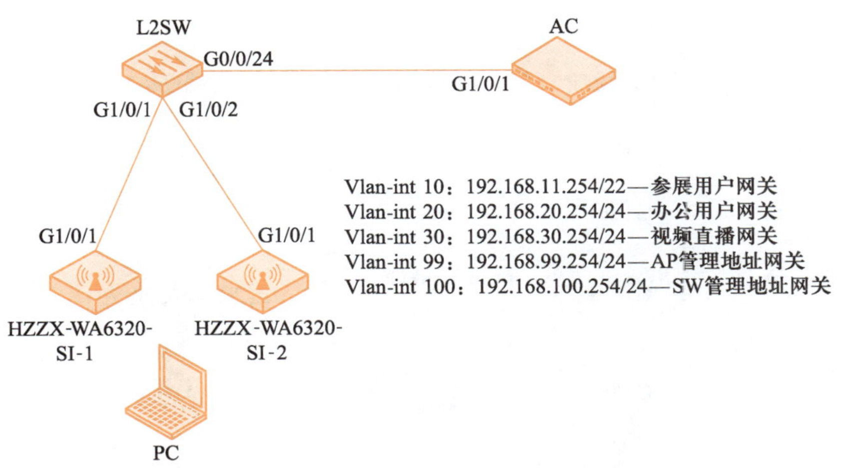

图 3-19 智能无线网络部署与实施项目的网络拓扑图

2. 项目规划

根据图 3-19 所示的拓扑图进行项目的业务规划，项目 3 的 VLAN 规划、设备管理规划、端口互联规划、IP 规划、service-template 规划、AP 规划见表 3-3 ～表 3-8 所示。

表 3-3 VLAN 规划

VLAN-ID	VLAN 命名	网段	用途
VLAN 10	guest	192.168.8.0/22	参展用户网段
VLAN 20	office	192.168.20.0/24	办公用户网段
VLAN 30	video	192.168.30.0/24	视频直播网段
VLAN 99	AP-Guanli	192.168.99.0/24	AP 管理地址网段
VLAN 100	SW-Guanli	192.168.100.0/24	交换机管理网段

表 3-4 设备管理规划

设备类型	型号	设备命名	用户名	密码
无线接入点	WA6320-SI	HZZX-WA6320-SI-1	N/A	N/A
		HZZX-WA6320-SI-2	N/A	N/A
无线控制器	WX2540H	AC	h3cu	H3cu@123456
交换机	S5800	L2SW	h3cu	H3cu@123456

表 3-5 端口互联规划

本端设备	本端端口	端口配置	对端设备	对端端口
HZZX-WA6320-SI-1	G1/0/1	N/A	L2SW	G1/0/1
HZZX-WA6320-SI-2	G1/0/1	N/A		G1/0/2
L2SW	G1/0/1	trunk pvid vlan 99	HZZX-WA6320-SI-1	G1/0/1
	G1/0/2	trunk pvid vlan 99	HZZX-WA6320-SI-2	G1/0/1
	G1/0/24	trunk	AC	G1/0/1
AC	G1/0/1	trunk	L2SW	G1/0/24

表 3–6 IP 规划

设备	接口	IP 地址	用途
AC	Vlan-int 10	192.168.8.1/22 ～ 192.168.11.253/22	DHCP 分配给参展用户终端
		192.168.11.254/22	参展用户网段网关
	Vlan-int 20	192.168.20.1/24 ～ 192.168.20.253/24	DHCP 分配给办公用户终端
		192.168.20.254/24	办公用户网段网关
	Vlan-int 30	192.168.30.1/24 ～ 192.168.30.253/24	DHCP 分配给视频直播终端
		192.168.30.254/24	视频直播网段网关
	Vlan-int 99	192.168.99.1/24 ～ 192.168.99.253/24	DHCP 分配给 AP 设备
		192.168.99.254/24	AP 网段网关
	Vlan-int 100	192.168.100.254/24	SW 管理地址网关
L2SW	Vlan-int 100	192.168.100.1/24	SW 管理地址
WA6320-SI-1	G1/0/1	DHCP	从 VLAN 99 获取 IP 与 AC 建立 CAPWAP 隧道
WA6320-SI-2	G1/0/1	DHCP	从 VLAN 99 获取 IP 与 AC 建立 CAPWAP 隧道

表 3–7 service-template 规划

service-template	VLAN	SSID	密码	加密方式	接口安全模式	是否广播
ap1	10	guest	无（默认）	无（默认）	无（默认）	是（默认）
ap2	20	office	H3cu@2022	WPA2（RSN）	PSK	是（默认）
ap3	30	video	无（默认）	无（默认）	无（默认）	否

表 3–8 AP 规划

AP 名称	SN	service-template	信道绑定	功率
WA6320-SI-1	219801A2N18219E00W15	ap1 ap2 ap3	Radio 1	100%
WA6320-SI-2	219801A2N18219E00TVV	ap1 ap2 ap3	Radio 1	100%

3.5 项目实践

任务 3-1 会展中心交换机的配置

1. 任务描述

会展中心交换机的配置包括远程管理配置、VLAN 和 IP 地址配置、端口配置和默认路由配置。

2. 任务操作

（1）远程管理配置

配置远程登录和管理密码。

```
<H3C>system-view                                    // 进入系统视图
[H3C]sysname L2SW                                   // 配置设备名称
[L2SW]user-interface vty 0 4                        // 进入虚拟链路
[L2SW-ui-vty0-4]protocol inbound telnet             // 配置协议为 TELNET
[L2SW-ui-vty0-4]authentication-mode scheme          // 配置认证模式为 AAA
[L2SW-ui-vty0-4]quit                                // 退出
[L2SW]local-user h3cu                               // 创建 h3cu 用户
[L2SW-luser-h3cu]password simple H3cu@123456        // 配置密码 H3cu@123456
[L2SW-luser-h3cu]service-type telnet                // 配置用户类型为 TELNET 用户
[L2SW-luser-h3cu]authorization-attribute level 3    // 配置用户等级为 3
[L2SW-luser-h3cu]quit                               // 退出
```

（2）VLAN 和 IP 地址配置

创建各部门使用的 VLAN，配置设备的 IP 地址作为管理地址。

```
[L2SW]vlan 10                                       // 创建 VLAN 10
[L2SW-vlan10]name guest                             //VLAN 命名为 guest
[L2SW-vlan10]quit                                   // 退出
[L2SW]vlan 20                                       // 创建 VLAN 20
[L2SW-vlan20]name office                            //VLAN 命名为 office
[L2SW-vlan20]quit                                   // 退出
[L2SW]vlan 30                                       // 创建 VLAN 30
[L2SW-vlan30]name video                             //VLAN 命名为 video
[L2SW-vlan30]quit                                   // 退出
[L2SW]vlan 99                                       // 创建 VLAN 99
[L2SW-vlan99]name AP-Guanli                         //VLAN 命名为 AP-Guanli
[L2SW-vlan99]quit                                   // 退出
[L2SW]vlan 100                                      // 创建 VLAN 100
[L2SW-vlan100]name SW-Guanli                        //VLAN 命名为 SW-Guanli
[L2SW-vlan100]quit                                  // 退出
[L2SW]interface Vlan-interface 100                  // 进入 Vlan-int 100 接口
```

```
[L2SW-Vlan-interface100]ip address 192.168.100.1 24             //配置 IP 地址
[L2SW-Vlan-interface100]quit                                    //退出
```

（3）端口配置

配置连接 AP 的端口为 Trunk 模式，修改默认 VLAN 为 AP VLAN，并配置端口放行 VLAN 列表，允许用户和 AP 的 VLAN 通过；配置连接 AC 的端口为 Trunk 模式，配置端口放行 VLAN 列表，允许用户、AP 和 SW 管理的 VLAN 通过。

```
[L2SW]interface range GigabitEthernet 1/0/1 to GigabitEthernet 1/0/2    // 进入 G1/0/1-2 端口视图
[L2SW-if-range]port link-type trunk                                     // 配置端口链路模式为 Trunk
[L2SW-if-range]port trunk pvid vlan 99                                  // 配置端口默认 VLAN
[L2SW-if-range]port trunk permit vlan 10 20 30 99                       // 配置端口放行 VLAN 列表
[L2SW-if-range]quit                                                     // 退出
[L2SW]interface GigabitEthernet 1/0/24                                  // 进入 G1/0/24 端口视图
[L2SW-GigabitEthernet1/0/24]port link-type trunk                        // 配置端口链路模式为 Trunk
[L2SW-GigabitEthernet1/0/24]port trunk permit vlan 10 20 30 99 100      // 配置端口放行 VLAN 列表
[L2SW-GigabitEthernet1/0/24]quit                                        // 退出
```

（4）默认路由配置

配置默认路由，下一跳指向设备管理地址网关。

```
[L2SW]ip route-static 0.0.0.0 0.0.0.0 192.168.100.254      // 配置管理地址的默认网关
```

3．任务验证

① 在 L2SW 上使用 display interface brief 命令查看 Vlan-int 接口和端口信息，如下所示。

```
[L2SW]display interface brief
The brief information of interface(s) under route mode:
Link: ADM - administratively down; Stby - standby
Protocol: (s) - spoofing
Interface              Link Protocol        Main IP          Description
NULL0                    UP    UP(s)          --
Vlan1                    UP    UP           192.168.0.1
Vlan100                  UP    UP           192.168.100.1
The brief information of interface(s) under bridge mode:
Link: ADM - administratively down; Stby - standby
Speed or Duplex: (a)/A - auto; H - half; F - full
Type: A - access; T - trunk; H - hybrid
Interface              Link   Speed   Duplex Type PVID Description
GE1/0/1                 UP    1G(a)    F(a)   T     99
GE1/0/2                 UP    1G(a)    F(a)   T     99
GE1/0/24                UP    1G(a)    F(a)   T     1
```

② 在 L2SW 上使用 display ip interface brief 命令查看 IP 地址信息，如下所示。

```
[L2SW]display ip interface brief
*down: administratively down
(s): spoofing   (l): loopback
Interface              Physical   Protocol     IP Address          Description
```

```
Vlan1                up        up        192.168.0.1        --
Vlan100              up        up        192.168.100.1      --
```

可以看到，Vlan-int 100 接口已经配置了 IP 地址。

任务 3-2 会展中心 AC 的基础配置

微课 3-1
会展中心 AC 的
基础配置

1. 任务描述

会展中心 AC 的基础配置包括远程管理配置、VLAN 和 IP 地址配置、DHCP 配置和端口配置。

2. 任务操作

（1）远程管理配置

配置远程登录和管理密码。

```
<H3C>system-view                                                  // 进入系统视图
[H3C]sysname AC                                                   // 配置设备名称
[AC]user-interface vty 0 4                                        // 进入虚拟链路
[AC-line-vty0-4]protocol inbound telnet                           // 配置协议为 TELNET
[AC-line-vty0-4]authentication-mode scheme                        // 配置认证模式为 AAA
[AC-line-vty0-4]quit                                              // 退出
[AC]local-user h3cu                                               // 创建用户 h3cu
[AC-luser-manage-h3cu]password simple H3cu@123456                 // 配置密码 H3cu@123456
[AC-luser-manage-h3cu]service-type telnet                         // 配置用户类型为 TELNET 用户
[AC-luser-manage-h3cu]authorization-attribute user-role level-15  // 配置用户等级为 15
[AC-luser-manage-h3cu]quit                                        // 退出
```

（2）VLAN 和 IP 地址配置

创建各部门使用的 VLAN，配置设备的 IP 地址，即各用户的网关地址。

```
[AC]vlan 10                            // 创建 VLAN 10
[AC-vlan10]name guest                  //VLAN 命名为 guest
[AC-vlan10]quit                        // 退出
[AC]vlan 20                            // 创建 VLAN20
[AC-vlan20]name office                 //VLAN 命名为 office
[AC-vlan20]quit                        // 退出
[AC]vlan 30                            // 创建 VLAN 30
[AC-vlan30]name video                  //VLAN 命名为 video
[AC-vlan30]quit                        // 退出
[AC]vlan 99                            // 创建 VLAN 99
[AC-vlan99]name AP-Guanli              //VLAN 命名为 AP-Guanli
[AC-vlan99]quit                        // 退出
[AC]vlan 100                           // 创建 VLAN 100
[AC-vlan100]name SW-Guanli             //VLAN 命名为 SW-Guanli
[AC-vlan100]quit                       // 退出
[AC]interface Vlan-interface 10        // 进入 Vlan-int 10 接口
```

```
[AC-Vlan-interface10]ip address 192.168.11.254 22          // 配置 IP 地址
[AC-Vlan-interface10]quit                                  // 退出
[AC]interface Vlan-interface 20                            // 进入 Vlan-int 20 接口
[AC-Vlan-interface20]ip address 192.168.20.254 24          // 配置 IP 地址
[AC-Vlan-interface20]quit                                  // 退出
[AC]interface Vlan-interface 30                            // 进入 Vlan-int 30 接口
[AC-Vlan-interface30]ip address 192.168.30.254 24          // 配置 IP 地址
[AC-Vlan-interface30]quit                                  // 退出
[AC]interface Vlan-interface 99                            // 进入 Vlan-int 99 接口
[AC-Vlan-interface99]ip address 192.168.99.254 24          // 配置 IP 地址
[AC-Vlan-interface99]quit                                  // 退出
[AC]interface Vlan-interface 100                           // 进入 Vlan-int 100 接口
[AC-Vlan-interface100]ip address 192.168.100.254 24        // 配置 IP 地址
[AC-Vlan-interface100]quit                                 // 退出
```

（3）DHCP 配置

开启 DHCP 服务功能，创建 AP 和用户的 DHCP 地址池。

```
[AC]dhcp enable                                            // 开启 DHCP 服务
[AC]dhcp server ip-pool vlan10                             // 创建 Vlan-int 10 的地址池
[AC-dhcp-pool-vlan10]network 192.168.8.0 22                // 配置分配的 IP 地址段
[AC-dhcp-pool-vlan10]gateway-list 192.168.11.254           // 配置分配的网关地址
[AC-dhcp-pool-vlan10]quit                                  // 退出
[AC]dhcp server ip-pool vlan20                             // 创建 Vlan-int 20 的地址池
[AC-dhcp-pool-vlan20]network 192.168.20.0 24               // 配置分配的 IP 地址段
[AC-dhcp-pool-vlan20]gateway-list 192.168.20.254           // 配置分配的网关地址
[AC-dhcp-pool-vlan20]quit                                  // 退出
[AC]dhcp server ip-pool vlan30                             // 创建 Vlan-int 30 的地址池
[AC-dhcp-pool-vlan30]network 192.168.30.0 24               // 配置分配的 IP 地址段
[AC-dhcp-pool-vlan30]gateway-list 192.168.30.254           // 配置分配的网关地址
[AC-dhcp-pool-vlan30]quit                                  // 退出
[AC]dhcp server ip-pool vlan99                             // 创建 Vlan-int 99 的地址池
[AC-dhcp-pool-vlan99]network 192.168.99.0 24               // 配置分配的 IP 地址段
[AC-dhcp-pool-vlan99]gateway-list 192.168.99.254           // 配置分配的网关地址
[AC-dhcp-pool-vlan99]quit                                  // 退出
```

（4）端口配置

配置连接 AP 的端口为 Trunk 模式，并配置端口放行 VLAN 列表，允许用户和 AP 的 VLAN 通过。

```
[AC]interface GigabitEthernet 1/0/1                        // 进入 G1/0/1 端口视图
[AC-GigabitEthernet1/0/1]port link-type trunk              // 配置端口类型为 Trunk
[AC-GigabitEthernet1/0/1]port trunk permit vlan 10 20 30 99 100   // 配置端口放行 VLAN 列表
[AC-GigabitEthernet1/0/1]quit                              // 退出
```

3. 任务验证

① 在 AC 上使用 display ip interface brief 命令查看 IP 信息，如下所示。

```
[AC]display ip interface brief
*down: administratively down
(s): spoofing    (l): loopback
Interface                     Physical   Protocol   IP Address        Description
Vlan1                         down       down       --                --
Vlan10                        up         up         192.168.11.254    --
Vlan20                        up         up         192.168.20.254    --
Vlan30                        up         up         192.168.30.254    --
Vlan99                        up         up         192.168.99.254    --
Vlan100                       up         up         192.168.100.254   --
```

可以看到，4 个 Vlan-int 接口都已配置了 IP 地址。

② 在 AC 上使用 display vlan brief 命令查看 VLAN 信息，如下所示。

```
[AC]display vlan brief
Brief information about all VLANs:
Supported Minimum VLAN ID: 1
Supported Maximum VLAN ID: 4094
Default VLAN ID: 1
VLAN ID    Name                        Port
1          VLAN 0001                   GE1/0/1    GE1/0/2    GE1/0/3    GE1/0/4
10         guest                       GE1/0/1
20         office                      GE1/0/1
30         video                       GE1/0/1
99         AP-Guanli                   GE1/0/1
100        SW-Guanli                   GE1/0/1
```

③ 在 AC 上使用 display dhcp server ip-in-use 命令查看 DHCP 地址下发信息，如下所示。

```
[AC]display dhcp server ip-in-use
IP address        Client identifier/      Lease expiration          Type
                  Hardware address
192.168.99.1      0138-a91c-4cc7-c0       May 17 10:38:59 2022      Auto(C)
192.168.99.2      0138-a91c-4c3b-00       May 17 10:39:00 2022      Auto(C)
```

任务 3-3 会展中心 AC 的 WLAN 配置

微课 3-2
会展中心 AC 的
WLAN 配置

1. 任务描述

会展中心 AC 的 WLAN 配置包括无线服务模板配置和 AP 配置。

2. 任务操作

（1）无线服务模板配置

创建无线服务模板，配置 SSID 名称、配置 Vlan-id、加密方式和开启服务模板等。

```
[AC]wlan service-template ap1                   // 创建无线服务模板 ap1
[AC-wlan-st-ap1]ssid guest                      // 配置 SSID 为 guest
[AC-wlan-st-ap1]vlan 10                         // 配置无线服务模板的 VLAN 为 10
```

```
[AC-wlan-st-ap1]service-template enable                        // 开启无线服务模板
[AC-wlan-st-ap1]quit                                           // 退出
[AC]wlan service-template ap2                                  // 创建无线服务模板 ap2
[AC-wlan-st-ap2]ssid office                                    // 配置 SSID 为 office
[AC-wlan-st-ap2]vlan 20                                        // 配置无线服务模板的 VLAN 为 20
[AC-wlan-st-ap2]akm mode psk                                   // 配置为预共享密钥模式
[AC-wlan-st-ap2]preshared-key pass-phrase simple H3cu@2022     // 预共享密钥为 H3cu@2022
[AC-wlan-st-ap2]cipher-suite ccmp                              // 使能 CCMP 加密套件
[AC-wlan-st-ap2]security-ie rsn                                // 配置信标和探查帧携带 RSN IE 信息
[AC-wlan-st-ap2]service-template enable                        // 开启无线服务模板
[AC-wlan-st-ap2]quit                                           // 退出
[AC]wlan service-template ap3                                  // 创建无线服务模板 ap3
[AC-wlan-st-ap3]ssid video                                     // 配置 SSID 为 video
[AC-wlan-st-ap3]beacon ssid-hide                               // 隐藏 SSID
[AC-wlan-st-ap3]vlan 30                                        // 配置无线服务模板的 VLAN 为 30
[AC-wlan-st-ap3]service-template enable                        // 开启无线服务模板
[AC-wlan-st-ap3]quit                                           // 退出
```

（2）AP 配置

创建手工 AP，配置 AP 序列号，将无线服务模板 ap1、ap2 和 ap3 绑定到 HZZX-WA6320-SI-1 和 HZZX-WA6320-SI-2 的 Radio 1，开启 Radio 1 的射频功能。

```
[AC]wlan ap HZZX-WA6320-SI-1 model WA6320-SI                           // 创建手工 AP
[AC-wlan-ap-HZZX-WA6320-SI-1]serial-id 219801A2N18219E00W15            // 输入序列号
[AC-wlan-ap-HZZX-WA6320-SI-1]radio 1                                   // 进入 Radio1
[AC-wlan-ap-HZZX-WA6320-SI-1-radio-1]radio enable                      // 开启射频功能
[AC-wlan-ap-HZZX-WA6320-SI-1-radio-1]
service-template ap1                                          // 将无线服务模板 ap1 绑定到 Radio 1 上
[AC-wlan-ap-HZZX-WA6320-SI-1-radio-1]
service-template ap2                                          // 将无线服务模板 ap2 绑定到 Radio 1 上
[AC-wlan-ap-HZZX-WA6320-SI-1-radio-1]
service-template ap3                                          // 将无线服务模板 ap3 绑定到 Radio 1 上
[AC-wlan-ap-HZZX-WA6320-SI-1-radio-1]quit                              // 退出
[AC-wlan-ap-HZZX-WA6320-SI-1]quit                                      // 退出
[AC]wlan ap HZZX-WA6320-SI-2 model WA6320-SI                           // 创建手工 AP
[AC-wlan-ap-HZZX-WA6320-SI-2]serial-id 219801A2N18219E00TVV            // 输入序列号
[AC-wlan-ap-HZZX-WA6320-SI-2]radio 1                          // 进入 Radio1
[AC-wlan-ap-HZZX-WA6320-SI-2-radio-1]radio enable             // 开启射频功能
[AC-wlan-ap-HZZX-WA6320-SI-2-radio-1]
service-template ap1                                          // 将无线服务模板 ap1 绑定到 Radio 1 上
[AC-wlan-ap-HZZX-WA6320-SI-2-radio-1]
service-template ap2                                          // 将无线服务模板 ap2 绑定到 Radio 1 上
[AC-wlan-ap-HZZX-WA6320-SI-2-radio-1]
service-template ap3                                          // 将无线服务模板 ap3 绑定到 Radio 1 上
[AC-wlan-ap-HZZX-WA6320-SI-2-radio-1]quit                     // 退出
[AC-wlan-ap-HZZX-WA6320-SI-2]quit                             // 退出
```

3. 任务验证

① 在 AC 上使用 display wlan service-template 命令查看 service-templat 信息，如下所示。

```
[AC]display wlan service-template
Total number of service templates: 3
Service template name              SSID                    Status
ap1                                guest                   Enabled
ap2                                office                  Enabled
ap3                                video                   Enabled
```

可以看到，已经创建了 guest、office、video 三个 SSID，并且是 Enabled 的状态。

② 在 AC 上使用 display wlan ap all 命令查看已注册的 AP 信息，如下所示。

```
[AC]display wlan ap all
Total number of APs: 2
Total number of connected APs: 1
Total number of connected manual APs: 1
Total number of connected auto APs: 0
Total number of connected common APs: 1
Total number of connected WTUs: 0
Total number of inside APs: 0
Maximum supported APs: 48
Remaining APs: 47
Total AP licenses: 2
Local AP licenses: 2
Server AP licenses: 0
Remaining local AP licenses: 0
Sync AP licenses: 0

                                AP information
State : I = Idle,      J  = Join,       JA = JoinAck,      IL = ImageLoad
        C = Config,    DC = DataCheck,  R  = Run,    M = Master,    B = Backup

AP name              APID    State    Model          Serial ID
HZZX-WA6320-SI-1     1       R/M      WA6320-SI      219801A2N18219E00W15
HZZX-WA6320-SI-2     2       R/M      WA6320-SI      219801A2N18219E00TVV
```

可以看到，2 个 AP 的状态为 R/M，表示 AP 已经正常工作。

微课 3-3
项目验证

3.6 项目验证

① 在计算机上搜索无线信号，可以看到 guest 和 office 两个 SSID，如图 3-20 所示。

图 3-20 计算机上搜索无线信号

② 计算机连接无线信号 guest，可以直接连接，如图 3-21 所示。

图 3-21 计算机连接无线信号 guest

③ 在计算机上按 Win+X 组合键，在弹出的菜单中选择 Windows PowerShell 选项，打开 Windows PowerShell 窗口，使用 ipconfig 命令查看 IP 地址信息，如图 3-22 所示。可以看到，

计算机获取了 192.168.8.0/22 网段的 IP 地址。

```
无线局域网适配器 WLAN:

   连接特定的 DNS 后缀 . . . . . . . :
   本地链接 IPv6 地址. . . . . . . . : fe80::ec5c:f182:9440:7223%21
   IPv4 地址 . . . . . . . . . . . . : 192.168.8.1
   子网掩码  . . . . . . . . . . . . : 255.255.252.0
   默认网关. . . . . . . . . . . . . : 192.168.11.254
```

图 3-22 使用 ipconfig 命令查看 IP 地址信息

④ 计算机连接无线信号 office，需要输入密码，如图 3-23 所示。

图 3-23 计算机连接无线信号 office

⑤ 计算机连接 office 无线信号后，按步骤③所述方法再次使用 ipconfig 命令查看 IP 地址信息，如图 3-24 所示。可以看到，计算机获取了 192.168.20.0/24 网段的 IP 地址。

```
无线局域网适配器 WLAN:

   连接特定的 DNS 后缀 . . . . . . . :
   本地链接 IPv6 地址. . . . . . . . : fe80::ec5c:f182:9440:7223%21
   IPv4 地址 . . . . . . . . . . . . : 192.168.20.1
   子网掩码  . . . . . . . . . . . . : 255.255.255.0
   默认网关. . . . . . . . . . . . . : 192.168.20.254
```

图 3-24 再次使用 ipconfig 命令查看 IP 地址信息

⑥ 计算机连接隐藏的开放网络，输入 video，可以连接成功，如图 3-25 所示。

图 3-25 计算机连接隐藏的开放网络

⑦ 计算机连接 video 后，按步骤③所述方法第 3 次使用 ipconfig 命令查看 IP 地址信息，如图 3-26 所示。可以看到，计算机获取了 192.168.30.0/24 网段的 IP 地址。

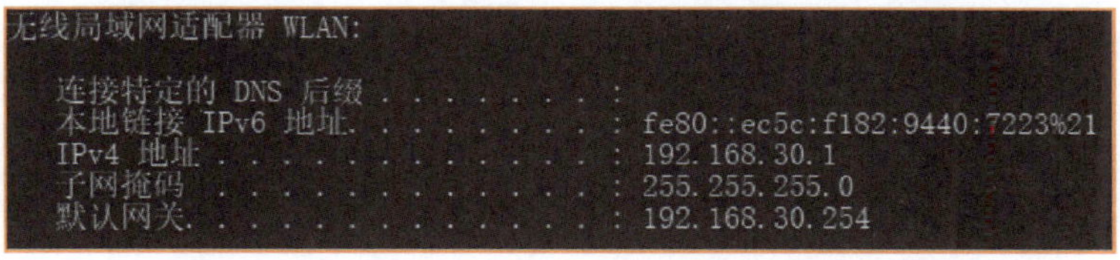

```
无线局域网适配器 WLAN:

   连接特定的 DNS 后缀 . . . . . . . :
   本地链接 IPv6 地址. . . . . . . . : fe80::ec5c:f182:9440:7223%21
   IPv4 地址 . . . . . . . . . . . . : 192.168.30.1
   子网掩码  . . . . . . . . . . . . : 255.255.255.0
   默认网关. . . . . . . . . . . . . : 192.168.30.254
```

图 3-26 第 3 次使用 ipconfig 命令查看 IP 地址信息

3.7 项目习题

选择题

1．Fit AP 环境下应该使用（　　）命令查看 AP 的工作信息。

A．show ap-config summary

B．show ap-config running

C．display ap running

D．display wlan ap all

2．无线产品中，AC 使用（　　）地址与 AP 建立隧道。

A．互联 VLAN 地址　　B．Loopback 0 地址

C．Loopback 1 地址　　D．AC 上的任意接口地址

3. AP 与 AC 间跨三层时，使用 DHCP 的（　　）选项字段来获得 AC 的地址。

A. 43　　B. 138　　C. 183　　D. 43 或 138

4. 关于 AC 的 CAPWAP 源地址说法正确的是（　　）。

A. 只能用 Loopback 0 接口地址作为 CAPWAP 隧道源地址

B. 可以指定其他接口地址作为 CAPWAP 隧道源地址

C. 只能用 Loopback 接口地址作为 CAPWAP 隧道源地址

D. 可以指定 AC 上的任意接口地址作为 CAPWAP 隧道源地址

项目 4　新华三智慧园区智能无线网络的性能评估

4.1　项目背景

工程师已经完成新华三智慧园区无线网络的运行状态与信息收集，并对网络工程实施与安装规范性进行了检查，对于影响网络正常稳定运行的规范性问题已及时整改优化，现在要对无线网络性能评估，方便后续的无线网络优化工作。

4.2　需求分析

微课 4-1
新华三智慧园区智能无线网络的性能评估

为提高无线网络用户的用网体验，针对新华三智慧园区智能无线网的性能评估需满足如下指标的相关要求。

1. 信号强度满足 −65 dBm 以上

信号强度指标是无线网络品质要素中的第一要素，是其他无线特征要素和指标的基础，为同时满足除了笔记本计算机终端的其他如智能手机、PDA、PAD 等良好接入，并考虑到一半此类终端的平均水平比笔记本计算机终端低 10 dB（终端发射器功率和天线增益都相对笔记本计算机要小），而且以 2.4 G/5 G 的平均底噪水平（−95 dBm/−105 dBm）为准，需要保证信号强度在 −65 dBm 以上的水平，才能保证终端和 AP 间可以最大化程度协商出高速率，以及最大化概率抵消干扰，实现信号高水平保真。

2. 覆盖率 95%

以目标区域中，信号强度高于 −65 dBm 以上区域占比情况，达到 95% 以上为高可用覆盖。

不稳定是无线信号的特征本性，是基于电磁波的反射和折射等波动行为的自然表现，即使信号强度足够高，也无法保证覆盖无时无刻稳定不变。对于目标区域的覆盖，满足 95% 以上的覆盖范围，尤其是对用户未知轨迹的良好覆盖，基本上可以良好地满足用户业务的需求。

3. 信号干扰状况

（1）同楼层平面同信道干扰

同一楼层平面内，同一位置前两个同信道信号相差 20 dB 以上，第 3 个在 −75 dBm 以下。

同一楼层内的平面格局下的同信道干扰也是影响该用户速率协商和带宽体验的重要因素。同一个位置，如果接收到同信道的信号很多，必然造成共享程度加重，甚至冲突频发，空口信道效能降低。

由于实际环境中的平面格局大小和类型迥异，同信道规划在 2.4 G 频段和 5 G 频段的难易程度也因频谱资源不同而有所差别，整体上基于现实高可用性和最大化可落地原则，在同一位置的同信道信号相差应在 20 dB 以上。比如，同一位置 1 信道最强信号 −45 dBm，2 信道是 −65 dBm 以下，3 信道信号在 −80 dBm 以下。

进行此项评估核准的前提是，平面格局进行非重叠信道的规划和部署，如图 4-1 所示。

图 4-1　平面信道分布图

（2）楼层间同信道泄漏状况

楼层间信号泄漏，同信道可见性应在 −80 dBm 以上。

楼层间信号泄漏是考量无线空间部署品质的一个可评测数值，该数值可以从一个方面评估无线信道在三维空间上的分布状况。众所周知，无线网络的整体“容量”并不取决于 AP 的数量，而是取决于可用的独立的信道数量，即如果 AP 信号在三维楼层间信号泄漏，造成多个信道的 AP 相互“可见”，共享信道资源，会整体降低无线网络的吞吐容量。

基于信号隔离度的最低要求，以及满足抵抗最大程度干扰情况下的基本 AP 报文发送成功率，同信道可见性要求在 −80 dBm 以上，这在很多器件和规范要求上都有体现，比如合路器端口隔离度要求、不同 AP 天线间的隔离距离要求等。进行此项评估核准的前提是，楼层间需要进行非重叠信道规划和部署，如图 4-2 所示。

（3）ping 操作丢包率

ping 操作是一种常见的网络链路状态评测和诊断的方式，双线该报文交互，可以进行用户使用网络体验的侧面量化验证。

考量无线网络的波动性和对于实际业务的承载需求，各个行业及场景下的平均无线网络 ping 操作丢包率水平在 5% 以内，即为合理。

图 4-2 楼层间信道分布图

处于高品质无线网络的构建，在实践积累和总结提炼的基础上，无线 ping 操作基准在 3% 以内为可控型良好表现，1% 为优秀表现。当然这种要求是基于平稳表现的大概率统计，不排除任何时候不会发生偶发性严重丢包。

4. 单用户上传下载带宽

用户下载带宽是一个综合因素的结果，涉及 AP 类型（11g/11a/11n/11ac/11ax）、信道模式（20 MHz/40 MHz/80 MHz/160 MHz）、干扰状况、上行有线线路状况（出口带宽 / 有线链路拥塞状态）、数据源资源状况及数据服务器效率，等等，其考量的是一个完整性的链路通道“宽度”。FTP 下载是一项双向交互的带宽测试实用手段，可以很好地体现整个链路的通畅性和容量度，而且在 15 Mb/s 的水平，是考量各种因素合理权重下的一个良好体验的基础性水平，尽量保持单用户 FTP 上传下载速率在 10 Mb/s 以上。

5. 漫游体验

终端单次漫游发生时丢包不超过 2 个。

漫游是无线网络最具特色的一项行为，是终端自由度的一个衡量要素，漫游的主动权在终端，而且终端驱动定义了漫游发生的前置条件和条件阈值。在协议上看，漫游行为的发生动作及结果基本由终端主导，而无线网络在漫游上的配合工作基本表现在信号部署强度足够、信号覆盖连续、覆盖充分，保障漫游发生时的落脚点前后 AP 提供的信号资源良好。

从承载实际业务的需求考量，丢包单次控制在 2 个以内，可以具备 90% 以上的容错韧性，如果再结合业务层面的双向参数调整，以及 AP 的一些特定优化手段，可以进一步使得漫游可靠性收敛。

接下来对无线网络进行性能评估，具体涉及以下工作任务：

① 了解无线终端接入交互过程。

② 了解无线网络性能分析。

③ 了解无线网络性能评估。

④ 了解无线网络软件。

微课 4-2
无线终端接入交互过程

4.3 项目相关知识 

1. 无线终端接入交互过程（报文分析）

802.11 协议的无线局域网技术就好比在 AP 与无线客户端之间建立一条“虚拟”的传输线

路，协议定义了管理帧用于建立和维护这条“虚拟线路”，通常涉及 7 种类型的管理帧，具体交互过程如图 4-3 所示。

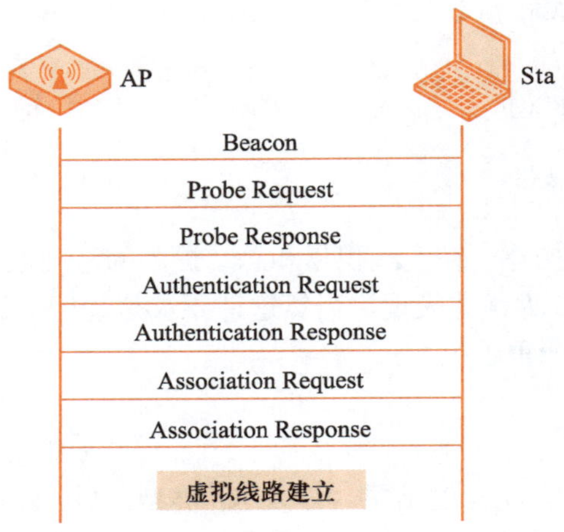

图 4-3 无线终端接入交互过程

正常情况下，每个 AP 的射频口都将发送相当数量的管理帧。协议所定义的管理帧的发送规则如下：

① 802.11 协议规定，所有的管理帧都以设备协商支持的最低速率发送。

② 默认情况下，AP 上的每个无线服务 SSID 都将以 100 ms 的间隔发送 Beacon 帧。

③ 每个无线客户端将在其支持的每个信道内发送 1 ～ 2 个 Probe Request。通常情况下，其中一个用于连接指定的 SSID，另一个用于搜索其他所有无线服务（广播类型的 Probe Request），具体实现方式与网卡驱动程序相关。

④ 正常情况下，AP 收到 Probe Request 后将回应 Probe Response。如果此 Probe Request 是面向所有 SSID 的，AP 将根据射频接口上配置的 SSID 数量回应多个 Probe Response。

⑤ 对于 Probe Response 的处理过程与单播报文相同，需要无线客户端回复 ACK 进行确认。

微课 4-3 无线网络性能分析

2. 无线网络性能分析

（1）无线网络性能与速率的关系

从 802.11g 到 802.11ac 协议，这些协议最大的区别就是规定了不同的速率，而速率本身与设备所采用的调制方式、传输方式、频带宽度以及其他特殊技术直接相关。技术与协议在不断地发展与更新，相应的物理速率也呈线性增长趋势，但协议之间都存在技术上的继承关系，因此在理解协议本身内容的同时，也要了解各个协议之间在技术继承上的关联。速率是影响 Wi-Fi 网络性能最直接的因素，从主观的角度来看，越高的速率似乎能够带来越高的性能，但无论从理论分析还是实际情况来看，这种关系并不一定存在。

物理速率与性能存在内联动关系，但并非线性影响，首先需要建立和明确以下概念：

① 物理速率所能够确定的只是每一个报文本身所要消耗的时间片；而对于每一个报文的发送必然消耗一定时间资源。

② 随着物理速率已经提升到一个比较高的水平，仅靠一味地提高物理速率已经很难大幅提高实际的性能了。

③ 由于必然的资源消耗，所以实际网络的性能和设备支持的最大物理速率存在非常大的差别，需要更为深刻地体会和理解。

（2）无线网络性能与帧聚合的关系

802.11MAC 层协议耗费了相当的效率用于链路的维护，如在数据之前添加 PLCP Preamble、PLCP Header、MAC 头，同时为解决冲突而引入的退避机制都大大降低了系统的吞吐量。802.11n 引入帧聚合技术，提高了 MAC 层效率。报文聚合技术包括针对 MSDU 的聚合和 MPDU 的聚合。采用 A-MPDU 技术，多个 MPDU 聚合到一起，只需抢占一次信道，减少了因竞争信道而产生冲突的概率，提高了信道利用率。A-MSDU，是具有相同的 DA 和 SA 的 MSDU，报文聚合成一个较大的载荷，减少物理和 MAC 层的开销，提高链路效率。

A-MSDU 和 A-MPDU 两种聚合的共同点：减少负荷，且只能聚合同一 QoS 级别的帧，但因为要等待需要聚合的报文，可能造成延时。另外，只有 A-MPDU 才使用 Block Acknowledgement，具体的聚合过程如图 4-4 所示。

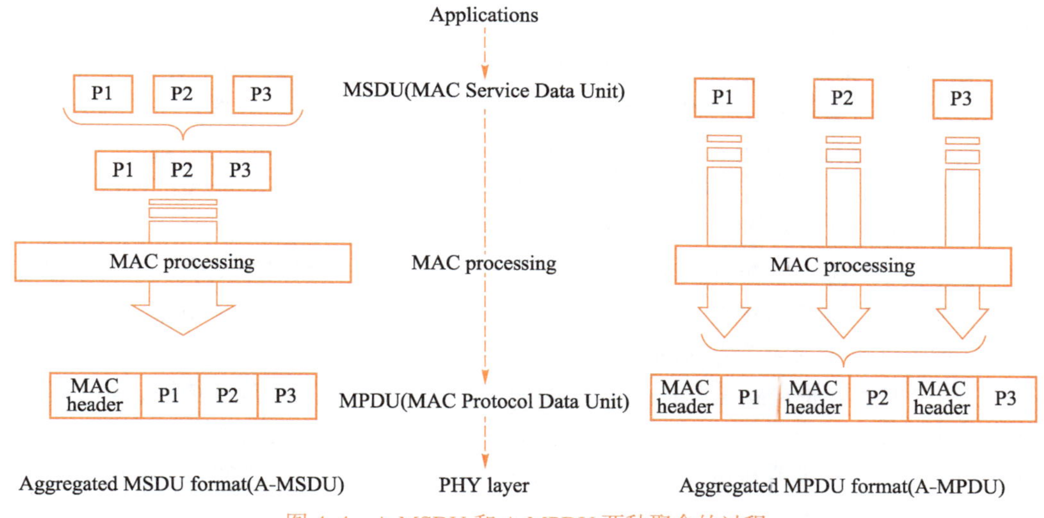

图 4-4　A-MSDU 和 A-MPDU 两种聚合的过程

3. 无线网络性能评估

（1）无线网络性能与信道

AP 性能是指建立在假定的理想条件下，AP 在收发报文上的吞吐量最高值。

信道的性能是指信道在理想状态下的报文传输最高值，它与 AP 的性能是相关的，一般可以用 AP 的性能来界定信道的性能。

微课 4-4
无线网络性能评估

每个 AP 的 Radio 都工作于一个信道，AP 的性能既可以反映 Radio 所在信道的性能，同时又受到所在信道性能的影响，即其能否发挥出该有的性能，取决于所在信道的性能如何。

无论从 802.11 协议还是从性能测试角度，所有提到的性能都是指一个 AP 在一个无干扰环境（假定的理想条件）中的性能。无线干扰带来的性能下降不是此处重点关注的事项，随着环境的不同，AP 的速率下降幅度可能非常大。

假定的理想条件是指整个环境中仅有一个 AP 需要向一个无线客户端发送数据，也就是只有这个 AP 和这个客户端使用当前的空间媒质，所以此时的 AP 的性能可以代表该信道对于 802.11 协议最大性能的支持情况。

（2）无线网络性能与报文大小

实际网络的性能并不等同于网络支撑之上的业务表现性能，因为不同的业务类型在报文大小上存在不同的比例构成，而报文的大小在网络传输层面表现出了不同的性能，从而向上传导直接影响业务性能的表现。不同业务类型直接决定了报文大小构成的比例情况，例如一般的迅雷下载、BT 下载、PPStream 等应用一般以小报文为主，而 FTP、邮件以及复制文件等以大报文为主。大报文和小报文在传输性能的区别，无论是有线网还是无线网，都是一样的。对于大小报文比例的客观评估有助于科学合理地评估业务的性能。一般来说，大报文所能承载的信息量较小报文多，因此在业务数据吞吐量方面，大报文的贡献率自然高一些。

（3）无线网络性能与报文类型

非业务报文包括了 802.11 协议自身的管理报文以及业务类广播 / 组播报文两类，这两种非业务报文在无线网络中都是不可避免的。

802.11 协议管理类报文相对于传输数据报文的行为来说，属于协议开销，从优化的理念出发，应该降低协议开销的比例以提升网络处理业务数据报文的效率。当然这需要综合衡量，毕竟协议管理报文也是必要报文，否则会影响到无线 802.11 层面的管理能力实现。

协议类广播 / 组播报文不依赖于网络的底层模式，不管是有线还是无线都存在这些业务形态，但广播 / 组播报文在有线和无线网络上的行为可能存在差异。比如同样的广播协议在有线网络和单播在底层传输电气特性要求方面没有什么区别，而在无线网络则表现了与单播比较明显的差异。单播可以按照一定的算法进行速率选择发送，而广播则默认采用速率集中的最低速率发送，这种区别也是由无线介质的特点决定的。

广播 / 组播的业务特点就是要在一个较大的逻辑域内进行信息大范围传播，对于有线网络来说则对应线缆连接尽可能多的节点，而对于无线网络则意味着需要覆盖尽可能大区域，所以采用最低速率有利于实现覆盖更远的地方，这样才最契合无线网络下广播 / 组播的业务诉求。

微课 4-5
无线网络性能评估工具

4. 无线网络性能评估工具

（1）IxChariot

应用层性能测试软件 IxChariot 是一个独特的测试工具，也是在应用层性能测试领域得到业界认可的测试系统。对于企业网而言，IxChariot 可应用于设备选型、网络建设及验收、日常维护这 3 个阶段，提供设备网络性能评估、故障定位和 SLA 基准等服务。

IxChariot 由两部分组成：控制端（Console）和远端（Endpoint），两者都可以安装在普通计算机或者服务器上，控制端安装在 Windows 操作系统上，远端支持各种主流的操作系统。

（2）Wireshark 工具

Wireshark（前身为 Ethereal）工具是目前全球使用最广泛的开源网络封包协议报文分析软件，编写并于 1998 年并以 GPL 开源许可证发布。网络封包分析软件的功能是撷取网络协议字段，并尽可能显示出最为详细网络封包及各层协议的信息。Wireshark 工具需要利用 wincap 软件提供接口信息，直接与网卡进行数据报文交换。

假设需要通过 Wireshark 工具分析 TCP 报文，以下为 Wireshark 工具相关使用功能。

① 双击已安装的 Wireshark 工具，开启协议报文捕获，如图 4-5 所示。

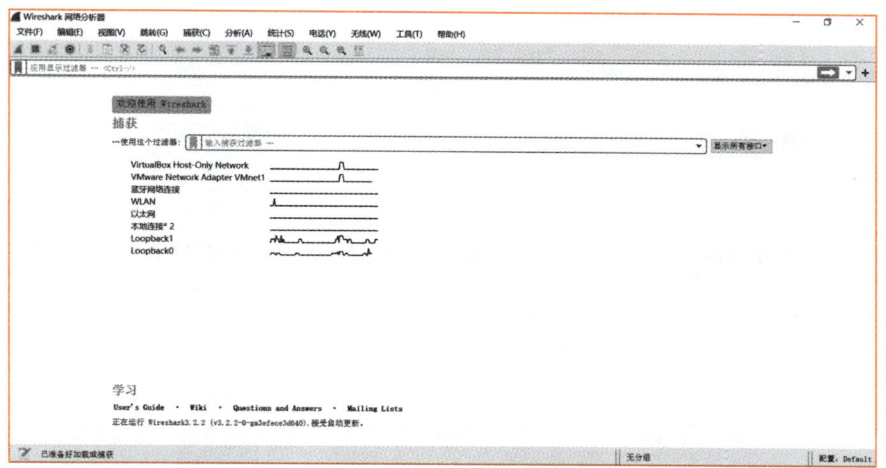

图 4-5 Wireshark 工具

② 通过菜单栏“捕获”→“选项”选择对应网卡接口，如图 4-6 所示。

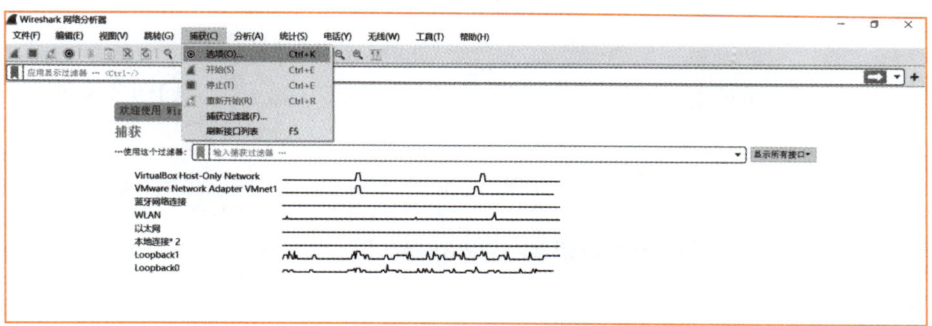

图 4-6 “捕获”→“选项”菜单

③ 选择 WLAN 网卡接口，在右下角单击“开始”按钮捕获报文，如图 4-7 所示。

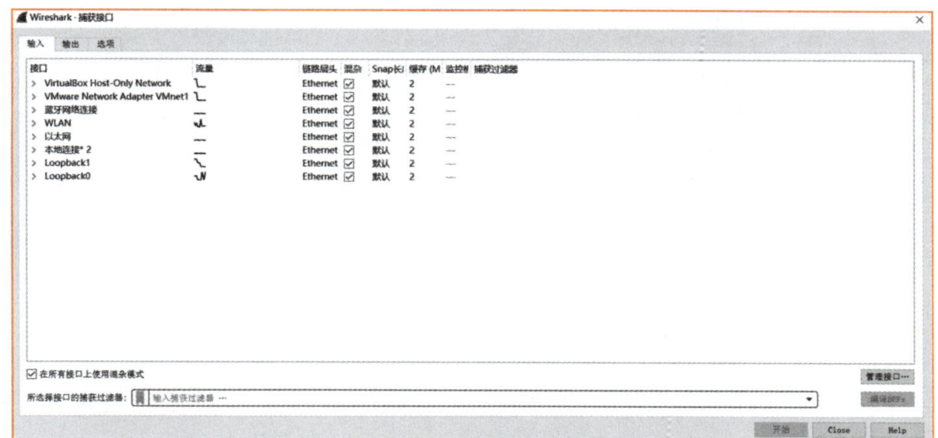

图 4-7 选择捕获网卡接口

④ 在此界面上可以看到各种协议的报文信息，通过 Protocol 字段区分属于何种协议报文的详细信息，如图 4-8 所示。

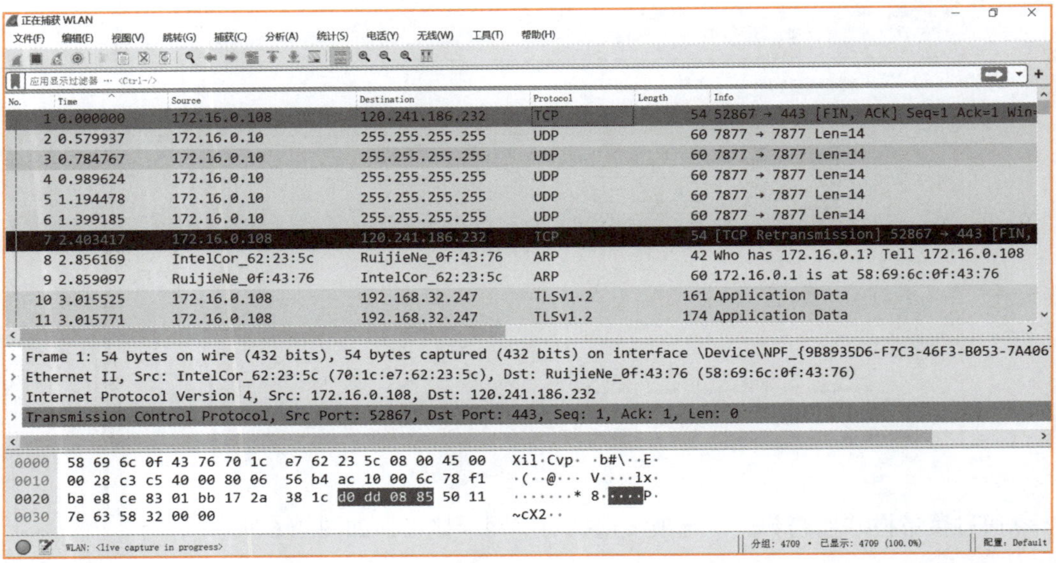

图 4-8 捕获的报文

⑤ 如果需要分析 TCP 报文，则双击打开 Protocol 为 TCP 的报文，如图 4-9 所示。

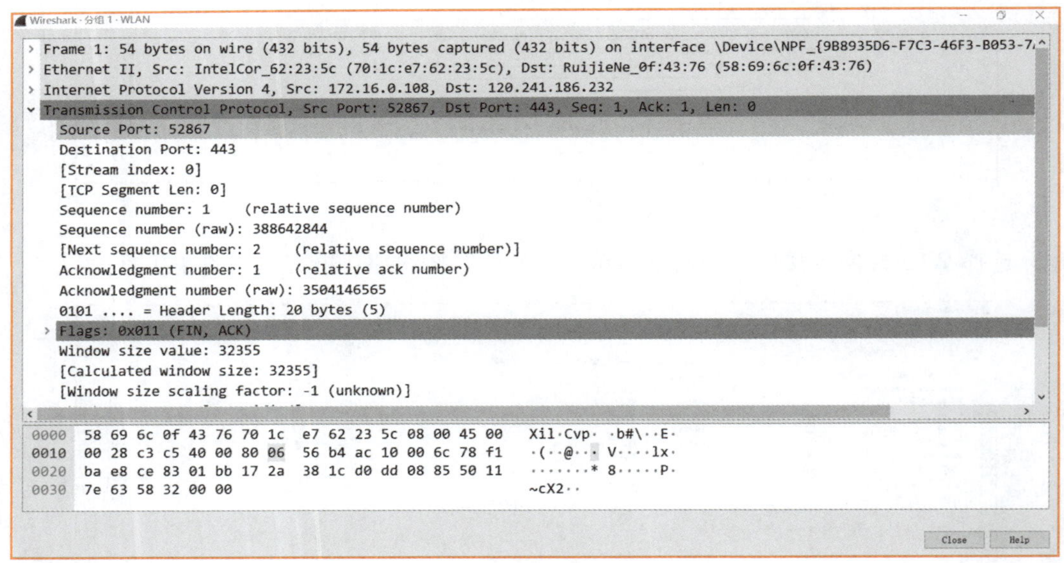

图 4-9 TCP 报文详细信息

⑥ 在完成协议报文捕获后可停止捕获，选择“捕获”→“停止”选项，结束协议报文捕获，如图 4-10 所示。

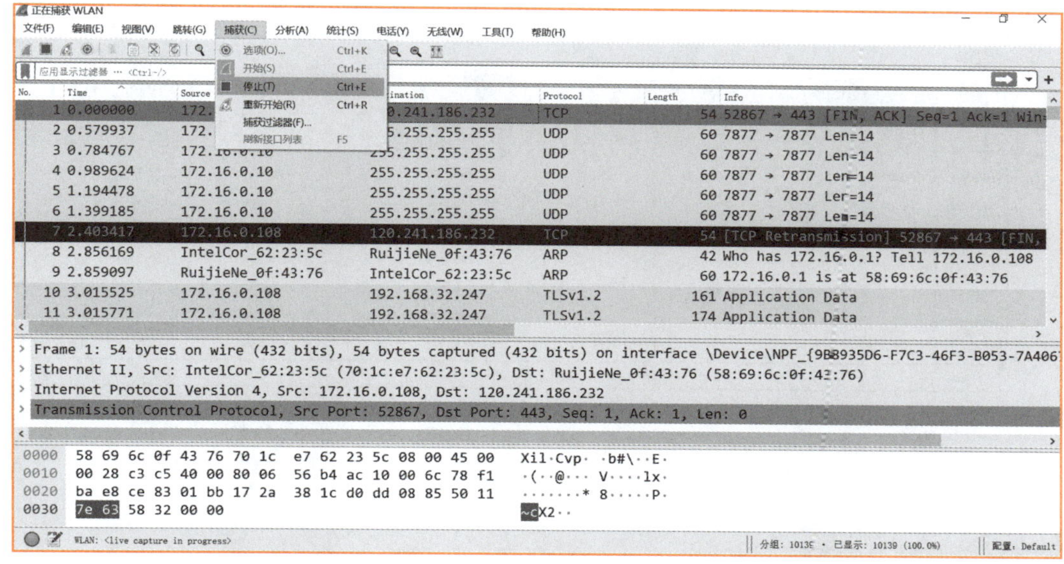

图 4-10 停止捕获报文

⑦ 保存捕获的报文，选择菜单栏“文件”→“保存”选项，修改文件保存路径，如图 4-11 所示。

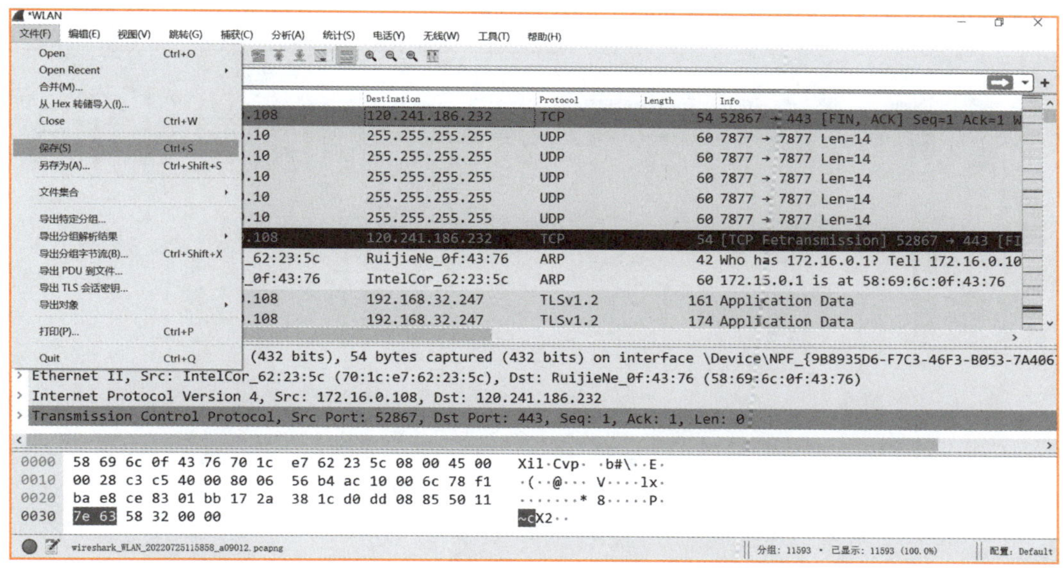

图 4-11 保存捕获的报文

（3）inSSIDer

inSSIDer 是一款无线网络运维软件，通过此软件可以对周围的无线网络环境进行勘查。

① 选择 NETWORKS 选项，可以查看当前无线网卡搜索到的周围的无线服务信息，包括每个信道的无线服务和信号强度，如图 4-12 所示。

inSSIDer

File View Help

FILTERS: ALL [HIDDEN]　　debig cai Docker127@163.com

SSID	Signal	Radios	Clients	Channels	Security	Mode	Max Rate	Last Seen
[HIDDEN] on 9A:97:CC:53:25:58	-91 dBm	1	-	155 [149]		a/n/ac	1,300.0	now
[HIDDEN] on office	-62 dBm	1	-	155 [149]		n/ac/ax	1,020.8	1 min ago
[HIDDEN] on to-student	-84 dBm	2	-	1, 155 [149]		b/g/n/ac	1,733.3	now
[HIDDEN] on to-teacher_5G	-76 dBm	9	-	1, 6, 11, 155 [157]		b/g/n	1,733.3	now
103	-77 dBm	2	-	11, 155 [149]		a/b/g/n/ac	1,300.0	now
guest	-62 dBm	1	-	155 [149]		n/ac/ax	1,020.8	now
Jan16-Office	-42 dBm	4	2	1, 11, 155 [149]		a/b/g/n/ac/ax	1,201.0	now
Library-Free	-76 dBm	15	-	1, 6, 11, 13, 155 [157]		b/g/n	1,733.3	now
LS-4S	-95 dBm	1	5	58 [52]		a/n/ac	866.7	8 min ago
office	-50 dBm	1	-	155 [149]		n/ac/ax	1,020.8	now
to-student	-76 dBm	13	-	1, 6, 11, 155 [157]		b/g/n	1,733.3	now
to-student_5G	-76 dBm	15	-	1, 6, 11, 155 [157]		b/g/n	1,733.3	now
to-teacher	-77 dBm	14	-	1, 6, 11, 155 [157]		b/g/n	1,733.3	now
to-teacher_5G	-76 dBm	14	-	1, 6, 11, 155 [157]		b/g/n	1,733.3	now

Connected Devices: Intel(R) Dual Band Wireless-AC 3165 [scan]　　Upgrade to MetaGeek Plus　Version 5.5.0

图 4-12　inSSIDer 无线网络检测

② 如果周围环境比较复杂，搜索到的无线服务比较多，可以通过设置过滤条件只显示需要检测的无线服务，在过滤栏可以输入 SSID、信道、信号强度等参数进行过滤，如图 4-13 所示。

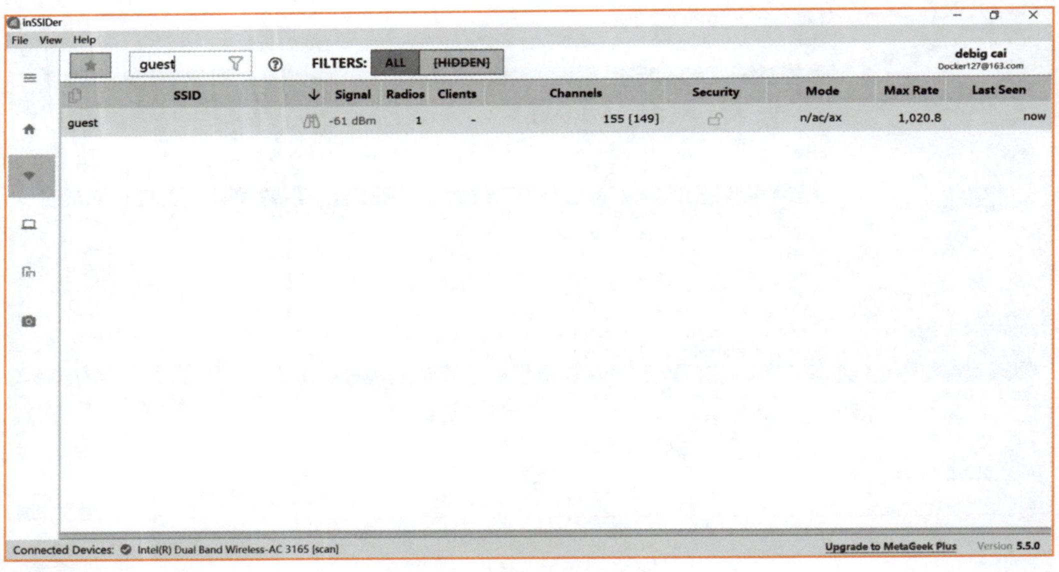

图 4-13　SSID 过滤

③ 将光标置于需要检测的 SSID 上，单击 可以查看关于 office 的无线信号详细信息，如图 4-14 所示。

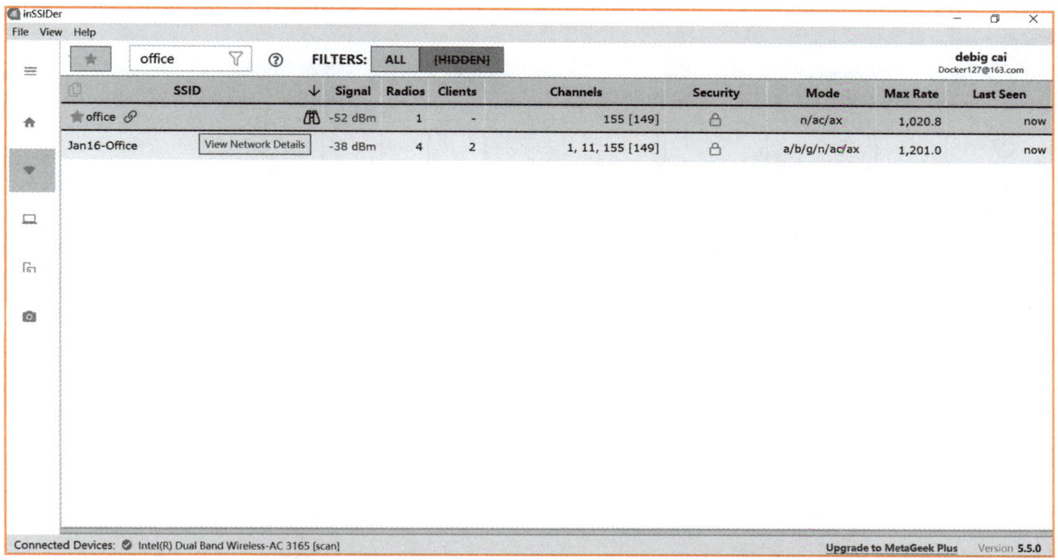

图 4-14 打开 office

④ 在 office 可以查看该 SSID 的详细信息，包括信号强度、连接该 SSID 的用户总数、信道、加密方式、使用的协议标准，如图 4-15 所示。

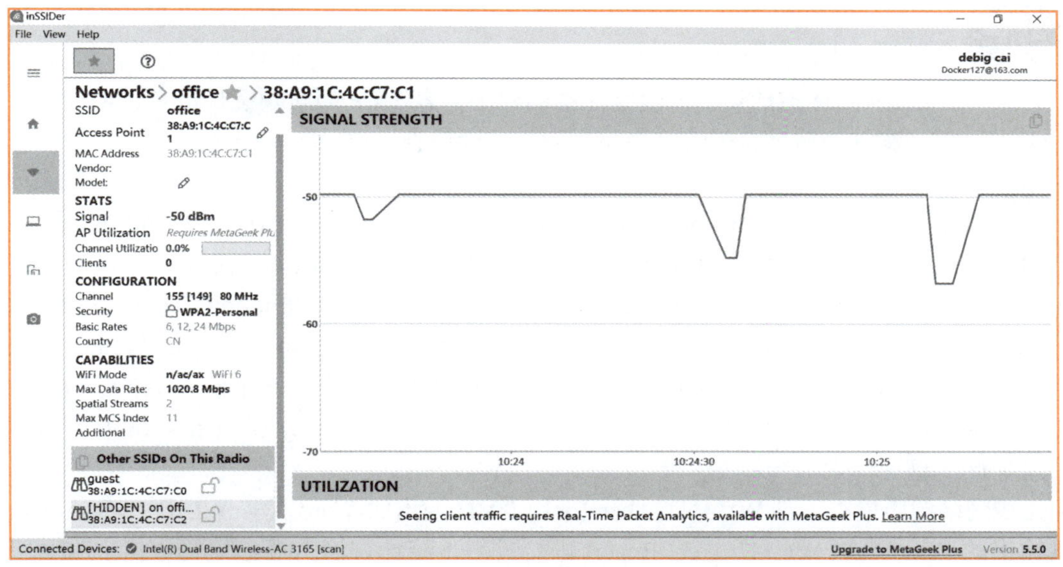

图 4-15 查看 office 的详细信息

（4）WirelessMon

WirelessMon 是一款允许使用者监控无线适配器的状态、显示周边无线接入点实时信息的工具。WirelessMon 还会列出计算机与无线接入点间的信号强度，实时监测无线网络的传输速度，以便了解网络的下载速度或其稳定性，如图 4-16 所示。

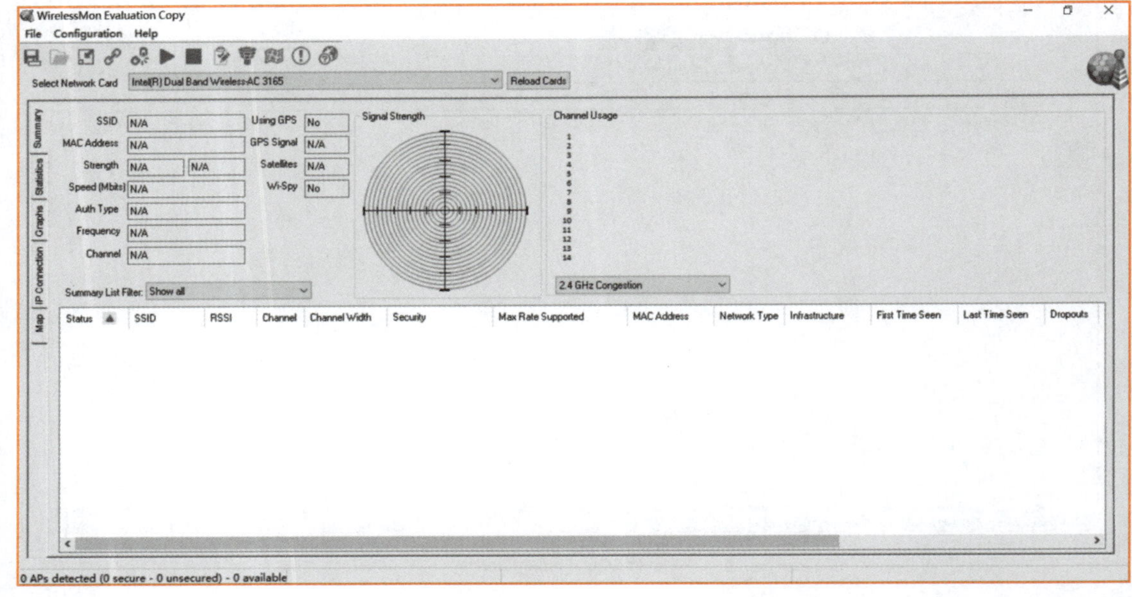

图 4-16 WirelessMon 信号监控界面

微课 4-6
无线网络健康检查

5. 无线网络健康检查

无线网络健康检查工具 WLAN Gather Tool 1.00.03 主要用于收集信息，如 AP 的详细信息、无线客户端的详细信息、AP 的射频统计信息、AP 的无线资源管理信息、无线客户端的射频统计信息、AC ping AP 统计信息、AP 的空口繁忙比信息。

无线网络健康检查工具 WLAN Gather Tool 1.00.03 输出的 Excel 表项 WLAN Excel Report 主要包括：AP Verbose Table（AP 详细信息统计表）、Radio Statistics Table（射频统计信息统计表）、RRM Channel Table（RRM 信道信息统计表）、RRM AP Relation Table（RRM AP 邻居信息统计表）、Client Info Table（无线客户端信息统计表）、Ping Verbose Table（AC ping AP 详细信息统计表）、Ping Statistics Table（AC ping AP 统计信息统计表）、AP ChannelBusy Verbose Table（AP 空口繁忙比详细信息统计表）、AP ChannelBusy Statistics Table（AP 空口繁忙比统计信息统计表）。

无线网络健康检查工具 WLAN Gather Tool 1.00.03 输出的 Word 报告 WLAN Word Report 对工具输出的 Excel 表项 WLAN Excel Report 进行进一步统计，输出报告主要包括：AC 设备汇总信息、基于 Wi-Fi 射频统计分析、基于 Wi-Fi Client 统计分析、AC 与 AP 间链路状况分析、基于每个 AP 信道繁忙统计。

微课 4-7
无线网络 802.11 协议

6. 无线网络 802.11 协议

从 802.11g 到 802.11ac，这些不同协议的最基本内容就是规定了不同的速率，而速率本身的不同与协议所采用的调制方式、传输方式、频带宽度以及其他特殊技术直接相关。

技术与协议在不断发展与更新，相应的物理速率也呈现线性增长趋势，但协议之间都存在技术上的继承关系，因此在理解协议本身内容的同时，也要了解各个协议之间技术继承上的关联。

速率是影响 Wi-Fi 网络性能最直接的因素，从多角度来看，越高的速率似乎能够带来越高的性能，但无论从理论分析还是实际情况来看，这种关系并不是线性的。

802.11n 是在 802.11g 和 802.11a 之上发展起来的一项技术，最大的特点是速率提升，理论速率最高可达 600 Mb/s（目前业界主流为 300 Mb/s），可工作在 2.4 GHz 和 5 GHz 两个频段，如图 4-17 所示。

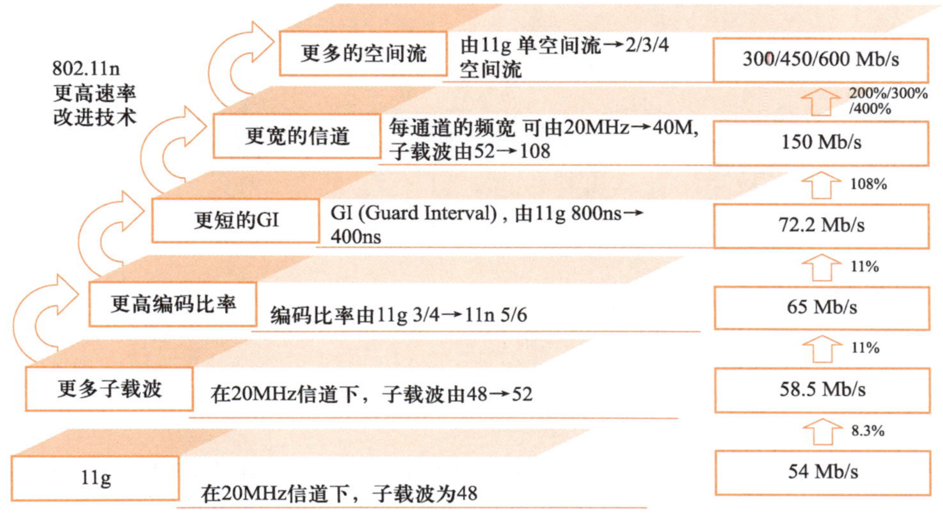

图 4-17　802.11n 速率

IEEE 802.11ac 是一个 802.11 无线局域网（WLAN）通信标准，它通过 5 GHz 频带（也是其得名原因）进行通信；理论上，它能够提供最多 1 Gb/s 带宽进行多站式无线局域网通信，或是最少 500 Mb/s 的单一连接传输带宽；802.11ac 是 802.11n 的继承者。

第 7 代无线技术，也称为高效无线网络，通过一系列系统特性和多种机制增加系统容量，通过更好地一致覆盖和减少空口介质拥塞来改善 Wi-Fi 网络的工作方式，为更多的用户提供一致和可靠的数据吞吐量，其目标是将用户的平均吞吐量提高至少 4 倍。也就是说基于 802.11ax 的 Wi-Fi 网络意味着前所未有的高容量和高效率。

4.4　项目规划设计

项目拓扑

根据项目 3 完成无线网络性能评估，网络拓扑如图 4-18 所示。

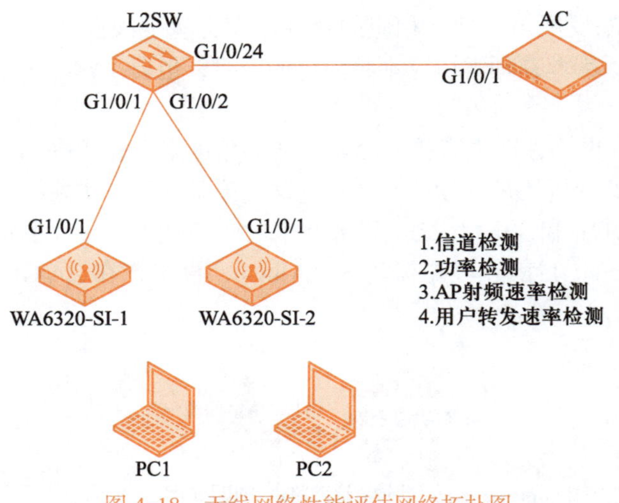

图 4-18 无线网络性能评估网络拓扑图

4.5 项目实践

任务 4-1 交换机及 AC 的基础配置

参照项目 3 的任务 3-1 ～任务 3-4，完成交换机和 AC 的基础配置，这里不再赘述。

任务 4-2 无线网络性能评估

1. 任务描述

根据前期项目相关配置，检测 AP 发射信号强度、无线频段速率、无线用户转发速率。

2. 任务操作

① 在设备上使用 display wlan ap all client-number 命令检查该 AP 的连接用户情况，有两个无线用户使用 5 GHz 频段，如下所示。

```
[AC]display  wlan  ap all  client-number
AP name              Clients        2.4GHz              5GHz
HZZX-WA6320-SI-1     2              0                   2
[AC]
```

② WirelessMon 工具在 Summary 界面查看相关的无线 SSID 详细信息，连接到 office，SSID 检查发现其使用的信道（Channel）为 52，信道带宽（Channel Width）为 80 MHz，后续通过命令修改相关参数，减少信道之间干扰，同时调整信道带宽大小，如图 4-19 所示。

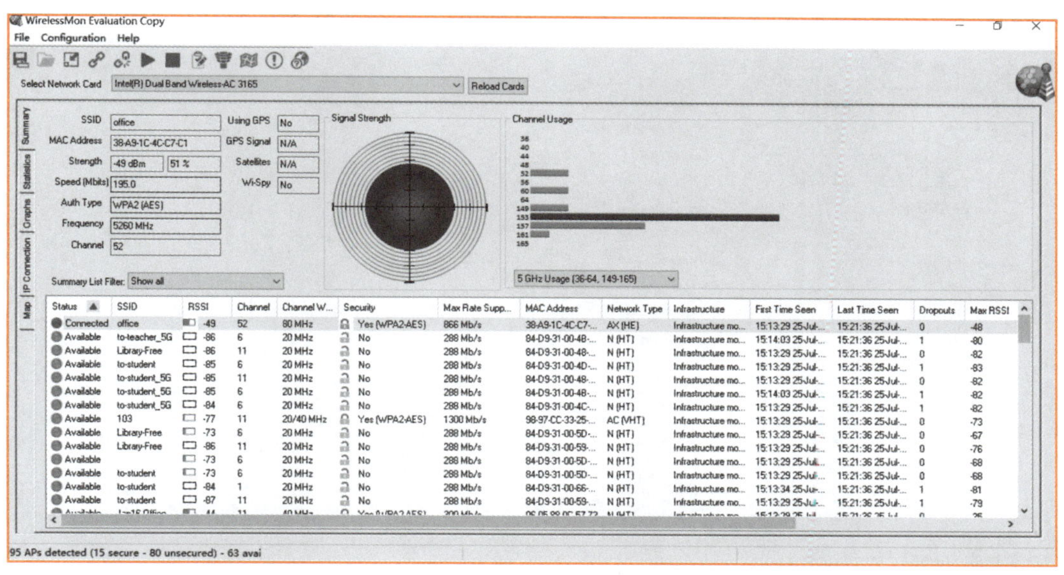

图 4-19　无线信号检测

③ 在 WirelessMon 工具 Graphs 上查看 office 无线信号强度，信号强度通常显示为负数，信号强度越接近 0，则表示信号越好。目前 office 无线信号强度为 -55 dBm，如图 4-20 所示。

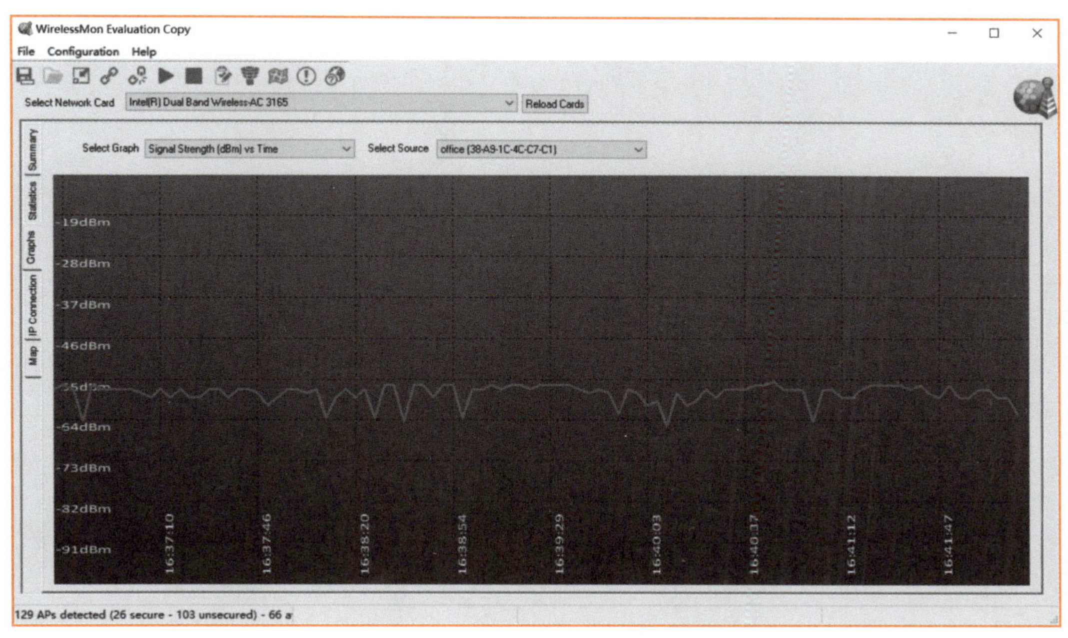

图 4-20　office 的信号强度

④ 在 IP Connection 界面可以看到该无线用户的 IP 地址和物理地址，根据界面显示的带宽（Bandwidth）、数据传输速率（Data Rate）等调整 AP 的无线信号发射，以达到无线网络最优状态，如图 4-21 所示。

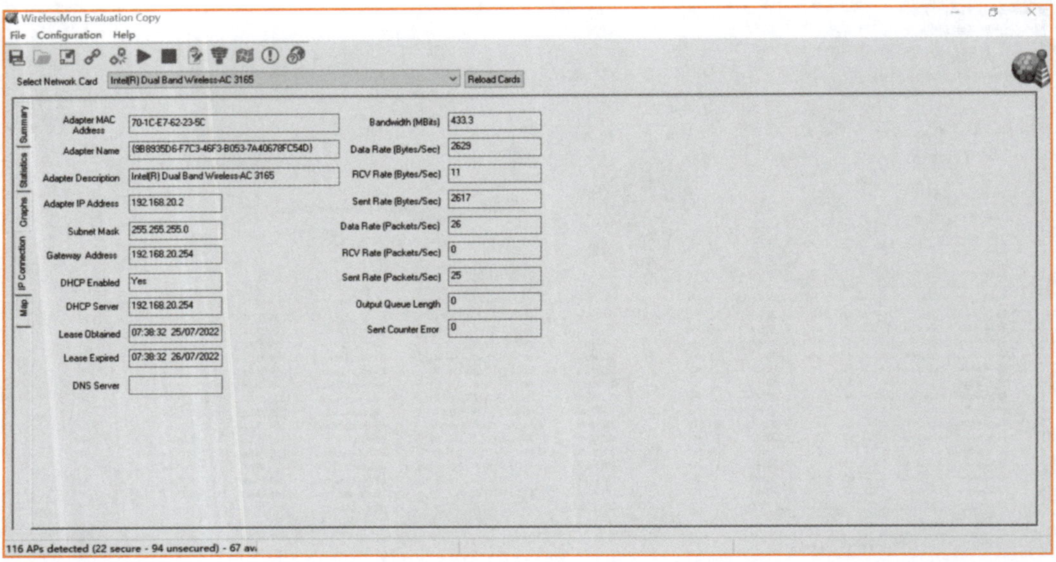

图 4-21 IP Connection

4.6 项目习题

选择题

1. 如果 AP 发射功率 100mW，那么对应的 dBm 值是（　　）。

   A．20　　B．15　　C．25　　D．23

2. 下列干扰的规避方法正确的是（　　）。（多选）

   A．AP 的功率调到最大　　B. 合理的信道规划

   C．合理的站址选择　　D. 多使用 5 GHz 频段

   E．合理的天线技术选择

项目5 新华三智慧园区智能无线网络的优化

5.1 项目背景

新华三智慧园区的无线网络投入使用一段时间后，工程师接到了网络优化的任务。公司员工反映近期出现了比较多的问题，如无线上网频繁掉线、访问速度慢、信号干扰严重等，在一定程度上影响了无线网络用户的上网体验。公司希望能够对整网做一次网络优化调整。

5.2 需求分析

该场景为大型会议室，此类区域属于室内环境部署，用户集中且业务属性较强，也是无线网络效果比较受关注的场景，采用独立放装型，或者使用外接吸顶天线或者美化天线部署方式。

此类场景用户密度大，需扩充频谱宽度，采用双频设备；适当增加接入点，或采用高性能模式AP（如802.11ac）；且采用物理隔离，分割出更多独立信道；扩宽上行链路，保证出口畅通，优化用户接入数。

根据需求进行整网网络优化，以提升无线网络体验。无线网络优化需考虑以下关键因素：

① 楼层之间无线网络的立体信道未实施规划，造成楼层之间同频干扰，调整无线网络信道。

② 调整AP功率，减少覆盖重叠区域，同时可考虑调整2.4 G和5 G的频宽，2.4 G解决覆盖范围问题、5 G可解决吞吐量问题，比如会议室场景可考虑5 G覆盖优先。

③ 限制低速率、低功率终端接入，防止个别低速率、低功率终端影响整网用户体验。

④ 对用户限速，防止部分用户或应用程序大流量下载造成资源分配不均。

⑤ 限制AP单机接入数，防止关联过多用户。

5.3 项目相关知识

无线网络优化主要是通过调整各种相关的无线网络工程设计参数和无线资源参数，满足系统现阶段对无线网络指标的要求。优化调整过程往往是一个周期性的过程，因为系统对无线网络的要求总在不断变化。

1. 业务常见网络特性

无线传输介质的不稳定性和终端漫游性是无线网络最显著的特征。

（1）无线报文传输的不稳定性

根据查看有线接口统计信息，可见接口错包重传过多。

```
Display interface GigabitEthernet1/0/1（有线口统计）
Output (normal): 80481256 packets, 32255316478 bytes
80272545 unicasts, 18234 broadcasts, 190477 multicasts, 0 pauses
Output: 0 output errors,0 underruns, -buffer failures-aborts, 0 deferred, 0 collisions, 0 late collisions-lost carrier, -no carrier
Display interface WLAN-Radio1/0/1（无线射频口统计）
Output (error): 14164913 total, 56331 discard, 0 buffer failures
```

（2）无线空口传输效率对广播、组播报文非常敏感

无线广播组播报文以 1 Mb/s 最低速率发送，会大量挤占数据报文的时隙资源，因广播报文、组播报文如超过 100 pps 时，对无线用户用网体验会带来明显的影响，会出现上网卡慢、甚至出现无法上网等情况。

（3）无线传输模式：半双工模式（MU-MIMO 除外）

在同一时刻，AP 只能同时和一个终端进行上行或下行传输，其他终端静默等待。当单射频接入终端数超过一定数量后，无线空口传输效率会急剧下降。

（4）无线网络常见使用痛点

无线网络常见使用痛点及表现形式见表 5-1。

表 5-1 无线网络使用痛点及表现形式

使用痛点	表现形式
无线终端上网卡、慢	丢包率超过 3%，有连续丢包，延迟超过 100 ms 等
上传、下载速率慢	终端测速远低于理论值
终端接入慢、认证慢	接入时长超过 5 s
终端漫游效果差，漫游灵敏度低	终端黏连性在远端 AP，无线终端信号差，协商速率低
终端信号上行或下行信号差	终端接收信号强度低于 -65 dbm 或回传信号强度 RSSI 低于 20，信号不满格
终端频繁掉线	用户可感知的 Wi-Fi 断开重连
偶发性出现连着 Wi-Fi 却无法上网的情况	Wi-Fi 图标出现感叹号，终端无法 ping 通主干，重连或一段时间后自动恢复
AP 间干扰严重	AP 部署密集，AP Channelbusy 持续高

2. 无线网络优化方法

无线网络具有灵活性高、扩展性强的特点，无线终端业务类型、流量、接入终端数、终端类型、终端位置随时有可能发生变化，所以需要根据网络实际情况进行优化调整，另外无线终端对带宽、延迟抖动要求越来越高。

无线网络优化包括弱覆盖优化、网络容量优化、信道干扰以及漫游优化等，包含了无线AC、AP和STA的优化。网络设备侧无线网络优化方法如下。

（1）合理组网

AC转发分为集中转发和本地转发两种模式，如图5-1、图5-2所示。

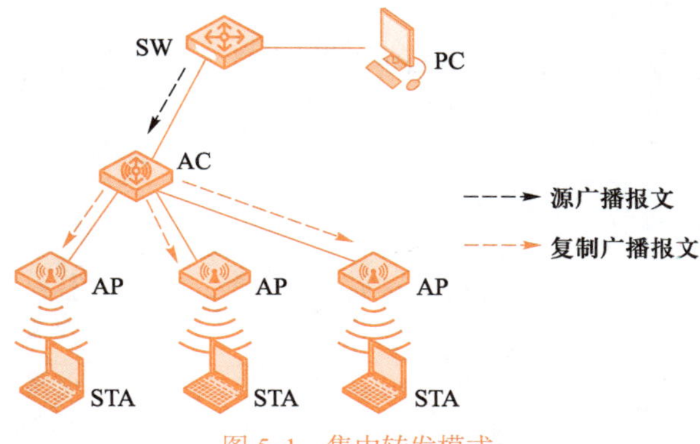

图5-1 集中转发模式

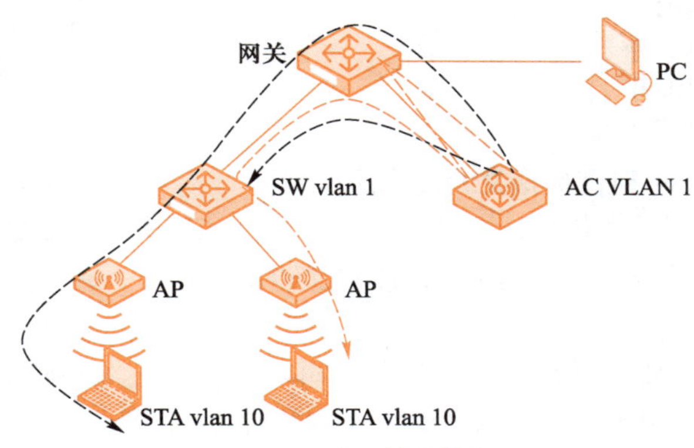

图5-2 本地转发模式

集中转发与本地转发两种模式的优、缺点及使用场景见表5-2。

表5-2 集中转发与本地转发优、缺点及使用场景

转发模式	优点	缺点	适用场景
集中转发	安全性好，方便管理、审计和集中控制	所有报文均需AC转发，转发效率相对较低，AC承受压力更大，故障处理定位复杂度相对较高	对于高端AC如WX5500H和40G插卡，如果AP数量低于2000，终端数目低于4000的可以采用集中转发，同时开启基于VLAN的二层隔离并配置硬件转发

续表

转发模式	优点	缺点	适用场景
本地转发	数据报文不经 AC 转发，报文转发效率高，AC 承受压力小，后期故障处理定位难度低	业务报文经过的所有设备（接入、汇聚）均需要放通业务 VLAN，运维成本相对较高，不便于集中管理和控制	如果 AP 和终端数目明显较多，建议采用本地转发，同时在业务报文经过的所有设备放通相应 VLAN

集中转发模式下 AC 对广播报文更敏感。AC 上联接口存在广播复制的特征，根据统计 AC 上联接口出方向报文多于入方向报文，由于存在大量广播复制，AC 转发进程的 CPU 占比过高，转发压力大。例如：如果有 2000AP，则 100 个广播包对应的复制报文数量就是 20 万个。

检查 AC 上联接口统计信息：

```
display interface Bridge-Aggregation1（AC 上联接口统计）
Last 300 second input: 72281 packets/sec 53809274 bytes/sec 2%
Last 300 second output: 477281packets/sec 130467464 bytes/sec 5%
```

AC 检查转发进程 CPU：

```
display process cpu
PU utilization in 5 secs: 51.4%; 1 min: 52.1%; 5 mins: 52.3%
JID 5Sec 1Min 5Min Name
308 3.2% 3.2% 3.2% [kdrvfwd16]
309 3.2% 3.2% 3.0% [kdrvfwd17]
310 3.2% 3.2% 3.2% [kdrvfwd18]
311 2.6% 3.2% 2.9% [kdrvfwd19]
312 3.2% 3.2% 3.2% [kdrvfwd20]
313 3.2% 3.2% 3.2% [kdrvfwd21]
314 3.2% 3.2% 3.2% [kdrvfwd22]
315 2.6% 3.2% 3.1% [kdrvfwd23]
```

针对集中转发模式 AC 对广播报文的优化建议如下：

① 基于现有组网进行基本优化，开启基于 VLAN 的二层隔离可以显著地减小广播复制；

② 优化效果不佳的情况下，将集中转发改本地转发。

（2）信号强度达标

信号覆盖的强度很重要，所有优化操作方式都以满足信号强度为基础。无线报文传输分为上行传输和下行传输，所以无线信号的强度也分为终端接收信号强度和终端回传信号强度，如图 5-3 所示。

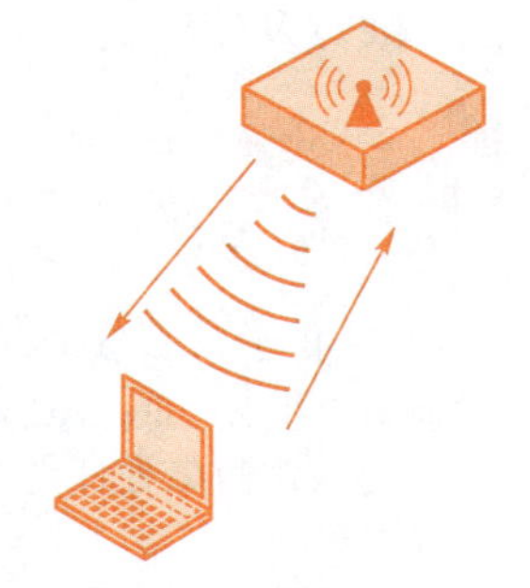

图 5-3 AP 和终端上下行信号

信号强度标准指标：

- 笔记本计算机接收信号强度 >-75 dBm，无线 Wi-Fi 图标显示要大于 3 格；
- 手机等智能终端接收信号强度 >-65 dBm，无线 Wi-Fi 图标显示信号要满格；
- 笔记本计算机和智能终端混合部署时要求终端接收信号强度 >-65 dBm。

终端接收信号强度指从终端侧接收到 AP 发送的下行报文的信号强度。主要影响因素如下：AP 信号发射功率、AP 和终端传输距离及中间障碍物遮挡等环境因素。

终端回传信号强度指从 AP 侧感知到终端上行回传报文的信号强度。主要影响因素如下：AP 和终端传输距离及中间障碍物遮挡等环境因素、终端无线网卡信号发射功率。

在 AC 或者 AP 上检查回传信号强度方法如下。

```
[AC]Display wlan client mac xxx verbose | in RSSI
RSSI : 37 // 终端回传信号强度
Rx/Tx rate : 866.7/600
[AP-probe]display ar5drv 1 client all
…TX Success pkts 1209
TX unicast frame pkts 1205, TX unicast frame bytes
Last three rssi: 65 65 59 // 最后三次回传信号强度
```

AP 侧感知到终端回传信号强度参数为 RSSI。

- 当 RSSI>30 时，无线报文传输基本不受影响，无线报文传输速率高；
- 当 20 ≤ RSSI ≤ 30 时，无线报文重传率上升，传输速率显著下降；
- 当 RSSI<20 时。虽然终端还能保持 Wi-Fi 连接，但无线信号基本不可用，传输速率极低，如图 5-4 所示。

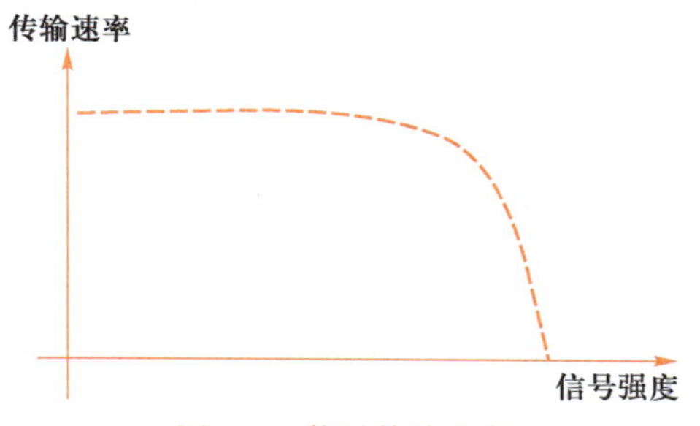

图 5-4 信号传输速率

针对信号强度优化建议如下：

① 对于使用 27 dBm 大功率 AP 的场景，除了关注终端侧信号强度，也要同时关注 AP 侧接收的 RSSI 强度，确保上行和下行信号强度都能达标；

② 强烈要求满足无线入室部署要求：由于 AP 信号穿墙后，在房间内信号会较弱，可能无法满足终端的接入信号要求；且 AP 全楼道部署会导致 AP 之间可见度大，干扰较难控制。

（3）AP 功率优化

功率调整的目的是降低 AP 间的可见性，构建出更多的逻辑网络以提高整个网络的性能。

高密接入场景比如会议室、学术报告厅等用户接入数量会大量增加，导致网络使用卡顿等现象。应在保证信号覆盖的基础上，尽量调小射频发射功率，使用户接入用网体验更佳，如图 5-5 所示。

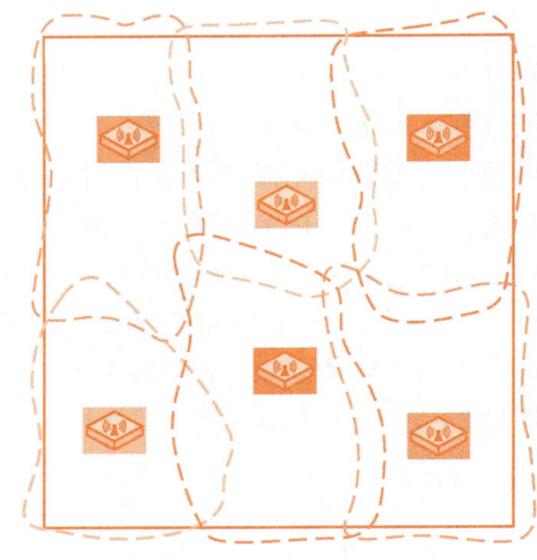

图 5-5 AP 覆盖范围

AP 功率优化建议：

① 2.4 G 衰减更小、穿墙能力更好，抗干扰性更差，2.4 G 功率需低于 5 G 功率 2 ～ 3 dBm；

② 以开放环境 AP 间距 10 米为例，建议 5 G 功率为 10 ～ 13 dBm，2.4 G 功率为 6 ～ 8 dBm；

③ 宿舍等入室场景 5 G 功率建议为 10 ～ 15 dBm，2.4 G 功率设置为 6 ～ 10 dBm。具体情况以现场实测为准。

3. 无线网络干扰评估

WLAN 采用带冲突避免的载波感应多路访问（Carrier Sense Multiple Access with Collision Avoidance，CSMA/CA）的工作方式，并且以半双工的方式进行通信，同一时间同一个区域内只能有一个设备发包。AP 之间的同频干扰会导致双方都进行退避，各损失一部分最大流量，但总流量基本不变。也就是说，同一个区域里的总流量为 1 的话，那么 1 个 AP 满负荷发包可以达到 1 的流量，2 ～ 8 个 AP 满负荷发包同样可以接近 1 的流量。理论上讲，2.4 GHz 频段有 1、6、11 三个互不干扰的信道，在部署多个 AP 时，可以将相邻的两个 AP 调整为不同的信道，这样可以在很大程度上避免同频干扰。

4. 低速率和低功率

低速率是指终端本身的无线传输速率较低，而低功率是指终端本身的传输速率较快，但因为终端距离 AP 较远，导致无线传输的功率较低。

在 CSMA/CA 下，一个 AP 只能与一个终端进行传输，当 AP 与低功率或者低速率的用户进行传输时，只有等一段数据传输完成后才会开始下一段传输。因此，在一个无线网络中，低速率终端和低功率终端会影响整个网络的传输。

基础速率集（basic-rate）是指 Sta 成功关联 AP 时，AP 和 Sta 都必须支持的速率集。只有 AP 和 Sta 都支持基础速率集中的所有传输速率，Sta 才能成功关联 AP。例如，配置基础速率集为 6 Mb/s 和 9 Mb/s，配置下发到 AP 后，只有能同时支持 6 Mb/s 和 9 Mb/s 传输速率的 Sta 才能成功关联此 AP。

支持速率集（supported-rate）是在基础速率集的基础上 AP 支持的更多的速率的集合，目的是让 AP 和 Sta 之间能够支持更多的数据传输速率。AP 和 Sta 之间的实际数据传输速率是在支持速率集和基础速率集中选取的。

Sta 可以不支持通过此命令配置的支持速率集，只支持基础速率集，也能够成功关联 AP，但此时 AP 和 Sta 之间的实际数据传输速率只会从基础速率集中选取。例如，配置基础速率集为 6 Mb/s 和 9 Mb/s，支持速率集为 48 Mb/s 和 54 Mb/s，配置下发到 AP 后，同时支持 6 Mb/s 和 9 Mb/s 速率的 Sta 能够成功关联此 AP，AP 和 Sta 之间的实际数据传输速率从 6 Mb/s 和 9 Mb/s 中选取；如果 Sta 支持 6 Mb/s、9 Mb/s 和 54 Mb/s，成功关联此 AP 后，AP 和 Sta 之间的实际数据传输速率从 6 Mb/s、9 Mb/s 和 54 Mb/s 中选取。

5. 单机接入数

当单机接入数过多时，假如 1 个 AP 传输速率只有 100 Mb/s 时，有 50 个用户接入，则每个用户平均只有 2 Mb/s 的传输速率。再加上 CSMA/CA 工作模式是先检测，冲突则回避，过多的用户接入则可能造成过多回避，导致带宽浪费。

6. 无线网络优化原则

无线网络优化设计需要遵循一定的原则，也就是说优化设计工作的开展必须按照一些技术准则和行为限制约束条件进行操作，如果违背这些原则，势必会造成优化设计理念出现偏差或者优化方案方向无法契合实际需求等问题。

无线网络优化总体原则如下：

① 蜂窝式无线覆盖，使用非重叠信道（如 1、6、11 信道），适当调整功率，减低同频干扰，采用蜂窝式模式部署，无交叉频率重复使用。

② 充分评估跨楼层信号泄露，在三维空间内进行信号覆盖时，跨楼层的信号泄露是无法绝对避免的。为了保障无线链路的质量，需要进行科学合理的规划、设计及优化补偿。

③ 考量多楼层空间信道规划，在多楼层无线覆盖时，考虑到三维空间的信号泄露，在信道规划策略上，除了基于平面的非重叠交叉部署，还要考虑楼层空间或立体空间下的信道交叉规划设计。

④ 多频模式适应高密度终端区域，在用户高密度区域覆盖时，可采用 2.4 GHz 和 5 GHz 两频段覆盖方式，并开启负载均衡功能使带宽分配效率最大化。

⑤ 首先考虑信号强度标准的满足情况，覆盖区域的信号强度应满足一定的标准，才能保证 AP 与终端之间信号的有效交互，从而保证无线覆盖的效果。

⑥ 容量设计以用户接入速率要求为条件，无线用户所选择的速率要求将直接影响 AP 部署的数量，速率越高，要求覆盖区域内信号质量越高。

⑦ 客观评估信号传播路径的差异，在衡量墙壁等障碍物对于 AP 信号的穿透损耗时，需考虑 AP 信号的入射角度。

⑧ 合理评估设计预期效果及障碍物影响，无线 AP 点位的设计不仅包括 AP 的平面位置，而且包括 AP 的实际安装高度（空间位置），这样的设计才能够有效地指导部署。

⑨ 尽力降低同信道 AP 可见数量，同信道 AP 如果相互可见，则意味着共享信道资源，即整网的容量将取决于可用的独立信道数量。

5.4 项目规划设计

1. 项目拓扑

本项目主要基于项目 3 进行网络优化，其网络拓扑如图 5-6 所示。

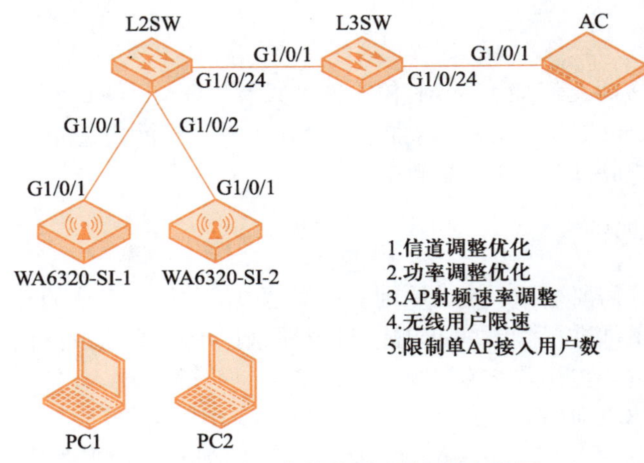

图 5-6 无线网络优化项目的网络拓扑图

2. 项目规划

根据图 5-6 所示网络拓扑和需求背景进行项目的业务规划，service-template 规划、信道规划、射频规划、流量模板配置规划见表 5-3 ～表 5-6。

表 5-3 service-template 规划

service-template	VLAN	SSID	限制接入数	是否加密	是否广播
1F-vap	10	JAN16-1F	2	否	是
2F-vap	10	JAN16-2F	2	否	是

表 5-4 信道规划

AP 名称	信道	工作带宽 /MHz	功率 /dBm	是否关闭自动信道功能	Raoid
WA6320-SI-1	36	80	16	是	1
WA6320-SI-2	10	40	16	是	2

表 5-5 射频规划

AP 名称	频段	速率集
WA6320-SI-1	802.11n\ax	76、8
WA6320-SI-2	802.11n	56

表 5-6 流量模板配置规划

无线模板名称	下行速率限制 /kb · s^{-1}	上行速率限制 /kb · s^{-1}
1F-vap	200	200

5.5 项目实践

任务 5-1 AP 信道的调整优化

微课 5-1 AP 信道的调整优化

1. 任务描述

AP 信道的调整优化包括关闭信道自动调优功能、手动配置 AP 信道。

2. 任务操作

关闭信道自动优化功能，为 2 个 AP 配置射频卡的信道。

```
[AC]wlan rrm baseline save name Jan16-rrm1 ap WA6320-SI-1          //将 WA6320-SI-1 上射频卡的工作参数保存
                                                                   //为射频工作参数基线，名称为 Jan16-rrm1
[AC]wlan rrm baseline save name Jan16-rrm2 ap WA6320-SI-2          //将 WA6320-SI-2 上射频卡的工作参数保存
                                                                   //为射频工作参数基线，名称为 Jan16-rrm2
[AC]wlan ap WA6320-SI-1 model WA6320-SI                      //进入 AP 视图
[AC-wlan-ap-WA6320-SI-1]radio 1                              //进入 Radio 1
[AC-wlan-ap-WA6320-SI-1-radio-1]undo channel auto            //关闭自动信道功能
[AC-wlan-ap-WA6320-SI-1-radio-1]channel 36                   //信道为 36
[AC-wlan-ap-WA6320-SI-1-radio-1]channel band-width 80//配置 Radio1 的工作带宽为 80 MHz
[AC-wlan-ap-WA6320-SI-1-radio-1]quit                         //退出
[AC-wlan-ap-WA6320-SI-1]quit                                 //退出
[AC]wlan ap WA6320-SI-2 model WA6320-SI                      //进入 AP 视图
[AC-wlan-ap-WA6320-SI-2]radio 2                              //进入 Radio 2
[AC-wlan-ap-WA6320-SI-2-radio-2]undo channel auto            //关闭自动信道功能
[AC-wlan-ap-WA6320-SI-2-radio-2]channel 10                   //信道为 10
[AC-wlan-ap-WA6320-SI-2-radio-2]channel band-width 40//配置 Radio2 的工作带宽为 40 MHz
[AC-wlan-ap-WA6320-SI-2-radio-2]quit                         //退出
[AC-wlan-ap-WA6320-SI-2]quit                                 //退出
```

3. 任务验证

在 AC 上使用 display wlan ap all radio 命令查看信道情况，如下所示。

```
[AC]display wlan ap all radio
……
AP name          RID  State  Channel     BW     Usage  TxPower  Clients
                                         (MHz)  (%)    (dBm)
WA6320-SI-1      1    Up     36          80     1      20       0
WA6320-SI-1      2    Up     11(auto)    20     1      20       0
WA6320-SI-2      1    Up     52(auto)    80     1      20       0
WA6320-SI-2      2    Up     10          40     26     20       0
```

可以看到，AP 的信道已手动调整为 36 和 10，带宽分别为 80 MHz 和 40 MHz。

任务 5-2　AP 功率的调整优化

微课 5-2
AP 功率的调整优化

1. 任务描述

AP 功率的调整优化包括关闭功率自动调优功能、手动配置 AP 功率。

2. 任务操作

① 关闭功率自动调优功能。进入 WLAN 视图，关闭功率自动调优功能。

```
[AC]wlan global-configuration                                         //进入 WLAN 全局配置视图
[AC-wlan-global-configuration]undo calibrate-power self-decisive all  //关闭功率自动调优功能
[AC-wlan-global-configuration]quit                                    //退出
```

② 手动配置 AP 功率。为两个 AP 配置射频卡的功率。

```
[AC]wlan ap WA6320-SI-1 model WA6320-SI            //进入 AP 视图
[AC-wlan-ap-WA6320-SI-1]radio 1                     //进入 Radio 1
[AC-wlan-ap-WA6320-SI-1-radio-1]max-power 16        //配置 Radio1 的最大功率为 16 dBm
[AC-wlan-ap-WA6320-SI-1-radio-1]quit                //退出
[AC-wlan-ap-WA6320-SI-1]quit                        //退出
[AC]wlan ap WA6320-SI-2 model WA6320-SI            //进入 AP 视图
[AC-wlan-ap-WA6320-SI-2]radio 2                     //进入 Radio 2
[AC-wlan-ap-WA6320-SI-2-radio-2]max-power 16        //配置 Radio2 的最大功率为 16 dBm
[AC-wlan-ap-WA6320-SI-2-radio-2]quit                //退出
[AC-wlan-ap-WA6320-SI-2]quit                        //退出
```

3. 任务验证

在 AC 上使用 display wlan ap all radio 命令查看 AP 功率情况，如下所示。

```
[AC]display wlan ap all radio
……
AP name      RID    State    Channel        BW      Usage    TxPower    Clients
                                            (MHz)   (%)      (dBm)
```

```
WA6320-SI-1    1    Up    36           80    0    16    0
WA6320-SI-1    2    Up    11(auto)     20    0    20    0
WA6320-SI-2    1    Up    149(auto)    80    0    20    0
WA6320-SI-2    2    Up    10           40    0    16    0
```

可以看到，AP 的功率已调整为 16 dBm。

任务 5-3　AP 速率集的调整

微课 5-3
AP 速率集的调整

1. 任务描述

本任务为调整 AP 射频速率。

2. 任务操作

对 AP 接入速率集进行调整。

```
[AC]wlan ap WA6320-SI-1 model WA6320-SI     // 进入 AP 视图
[AC-wlan-ap-WA6320-SI-1]radio 1             // 进入 Radio 1
[AC-wlan-ap-WA6320-SI-1-radio-1]dot11n support maximum-mcs 76        // 配置 802.11n 射频速率为 76 kb/s
[AC-wlan-ap-WA6320-SI-1-radio-1]dot11ax support maximum-nss 8        // 配置 802.11ax 射频速率为 8 kb/s
[AC-wlan-ap-WA6320-SI-1-radio-1]quit        // 退出
[AC-wlan-ap-WA6320-SI-1]quit                // 退出
[AC]wlan ap WA6320-SI-2 model WA6320-SI     // 进入 AP 视图
[AC-wlan-ap-WA6320-SI-2]radio 2             // 进入 Radio 2
[AC-wlan-ap-WA6320-SI-2-radio-2]dot11n support maximum-mcs 56
                                            // 配置 802.11n 射频速率为 56 kb/s
[AC-wlan-ap-WA6320-SI-2-radio-2]quit        // 退出
[AC-wlan-ap-WA6320-SI-2]quit                // 退出
```

3. 任务验证

在 AC 上使用 display current-configuration 命令查看 AP 射频速率，如下所示。

```
[AC]display current-configuration
… …
wlan ap WA6320-SI-1 model WA6320-SI
… …
radio 1
  channel 36
  max-power 16
  channel band-width 80
  dot11n support maximum-mcs 76
  dot11ax support maximum-nss 8
… …
wlan ap WA6320-SI-2 model WA6320-SI
… …
radio 2
channel 10
```

```
   max-power 16
   channel band-width 40
dot11n support maximum-mcs 56
……
```

任务5-4 基于无线用户限速的配置

微课5-4
基于无线用户限速的配置

1. 任务描述

基于无线用户限速的配置包括流量模板配置、开启客户端限速功能。

2. 任务操作

① 流量模板配置。进入无线服务模板并对终端传输速率进行限制。

```
[AC]wlan service-template 1F-vap       //进入无线服务模板1F-vap
[AC-wlan-st-1f-vap]client-rate-limit inbound mode dynamic cir 200  //配置上行流量限速200 kb/s
[AC-wlan-st-1f-vap]client-rate-limit outbound mode dynamic cir 200 //配置下行流量限速200 kb/s
[AC-wlan-st-1f-vap]quit                //退出
```

② 开启客户端限速功能。进入AP的Radio视图，开启基于射频的客户端限速功能。

```
[AC]wlan ap WA6320-SI-1 model WA6320-SI                       //进入AP视图
[AC-wlan-ap-WA6320-SI-1]radio 1                               //进入Radio 1视图
[AC-wlan-ap-WA6320-SI-1-radio-1]client-rate-limit enable      //开启客户端限速功能
[AC-wlan-ap-WA6320-SI-1-radio-1]quit                          //退出
[AC-wlan-ap-WA6320-SI-1]quit                                  //退出
```

3. 任务验证

在AC上使用display current-configuration命令查看AP限速配置命令，如下所示。

```
[AC]display current-configuration
#
……
wlan service-template 1f-vap
 ssid JAN16-1F
 vlan 10
 client-rate-limit inbound mode dynamic cir 200
 client-rate-limit outbound mode dynamic cir 200
 service-template enable
……
wlan ap WA6320-SI-1 model WA6320-SI
 serial-id 219801A2N18219E00W15
 vlan 1
 radio 1
   channel 36
   max-power 16
   radio enable
```

```
  channel band-width 80
  dot11n support maximum-mcs 76
  dot11ax support maximum-nss 8
  service-template 1f-vap
  client-rate-limit enable
……
```

可以看到，上行速率和下行速率均限制为 200 kb/s。

任务 5-5 限制单 AP 接入用户数的配置

微课 5-5
限制单 AP 接入
用户数的配置

1. 任务描述

本任务为限制接入用户数。

2. 任务操作

对接入用户数进行限制。为了便于测试效果，本任务将单 AP 接入数设置为 2。

```
[AC]wlan service-template 1F-vap              // 进入无线服务模板 1F-vap
[AC-wlan-st-1f-vap]client max-count 2         // 配置最大客户端连接数为 2
[AC-wlan-st-1f-vap]quit                       // 退出
[AC]wlan service-template 2F-vap              // 进入无线服务模板 2F-vap
[AC-wlan-st-2f-vap]client max-count 2         // 配置最大客户端连接数为 2
[AC-wlan-st-2f-vap]quit                       // 退出
```

3. 任务验证

在 AC 上使用 display wlan service-template verbose 命令查看无线服务模板详细信息，如下所示。

```
[AC]display wlan service-template verbose
Service template name                 : 1f-vap
Description                           : Not configured
SSID                                  : JAN16-1F
SSID-hide                             : Disabled
User-isolation                        : Disabled
Service template status               : Enabled
Maximum clients per BSS               : 2
… …
Service template name                 : 2f-vap
Description                           : Not configured
SSID                                  : JAN16-2F
SSID-hide                             : Disabled
User-isolation                        : Disabled
Service template status               : Enabled
Maximum clients per BSS               : 2
… …
```

5.6　项目验证 

使用多台设备连接 AP，可以看到接入用户数达到限定值 2 后，用户无法接入，如图 5-7 所示。

微课 5-6
项目验证

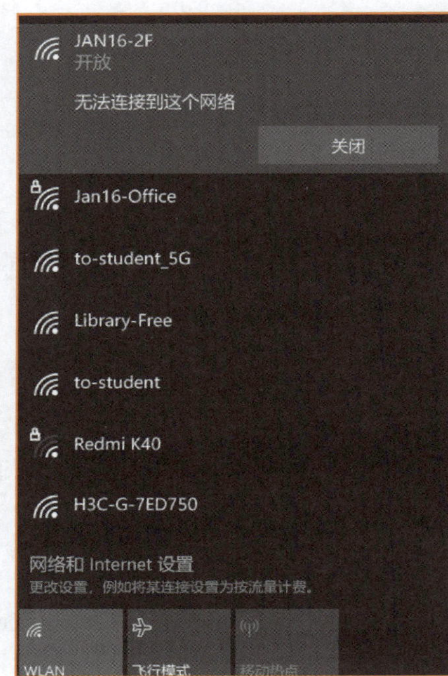

图 5-7　达到限定值后用户无法接入

5.7　项目习题 

选择题

1. 下列命令中用于开启客户端限速功能的是（　　）。

   A. client-rate-limit enable

   B. client -limit enable

   C. client-rate-limit disable

   D. client-rate enable

2．AP1 在配置“client max-count 10”后，接入用户数最大应为（　　）。

A．30　　B．20　　C．10　　D．5

3．下列干扰的规避方法正确的是（　　）。（多选）

A．将 AP 的功率调到最大　　B．合理的信道规划

C．合理的站址选择　　D．多使用 5 GHz 频段

E．合理的天线技术选择

项目 6　新华三智慧园区智能无线网络的维护与管理

6.1　项目背景 

新华三智慧园区会展中心已经将所有的 AP 都安装到指定位置，并完成设备的调试工作。工程师需要收集信息，以便及时了解网络的运行状态与信息。同时工程师还要负责网络工程实施与安装规范性的检查，对于影响网络正常稳定运行的规范性问题要及时发现并整改优化。

6.2　需求分析 

维护与管理一个新建的无线网络项目，需要收集网络的运行状态与信息，对不规范性问题进行整改优化，具体涉及以下工作任务：

① 收集网络的运行状态与信息。

② 整改优化无线网络。

6.3　项目相关知识 

微课 6-1
常见的问题诊断命令

1. 常见的问题诊断命令

H3C 的 COMWARE 平台提供了一套完整的命令集，可以用于监控网络互联环境的工作状况和解决基本的网络故障。

（1）ping

ping 这个词源于声呐定位操作，指来自声呐设备的脉冲信号。ping 命令的思想与雷达发出一个短促的雷达波，通过收集回波来判断目标很相似。源站点向目的站点发出一个 ICMP Echo Request 报文，目的站点收到该报文后回复一个 ICMP Echo Reply 报文，这样就验证了两个节点间 IP 层的可达性，主要功能是用于检查 IP 网络连接及主机是否可达。

COMWARE 平台的 ping 命令在 H3C 系列产品上的格式如下：

```
ping [ip ] [ -c count ] [-t timeout ] [ -s packetsize ] ip-address
-c        ping 报文的个数，默认值为 5；
-t        设置 ping 报文的超时时间，单位为毫秒，默认值为 2000；
-s        设置 ping 报文的大小，以字节为单位，默认值为 56。
```

例如，向主机 10.15.50.1 发出 2 个 8100 B 的 ping 报文。

```
<H3C> ping -c 2 -s 8100 10.15.50.1
PING 10.15.50.1: 8100      data bytes, press CTRL_C to break
Reply from 10.15.50.1: bytes=8100 Sequence=0 ttl=123 time = 538 ms
Reply from 10.15.50.1: bytes=8100 Sequence=1 ttl=123 time = 730 ms

---10.15.50.1 ping statistics ---
    2 packets transmitted
    2 packets received
    0.00% packet loss
round-trip min/avg/max = 538/634/730 ms
```

在基于 Windows 操作系统平台的计算机或服务器上，ping 命令的格式如下：

```
ping [ -n count] [ -t] [ -l size]     ip-address
-n        ping 报文的个数；
-t        持续地发送 ping 报文；
-l        设置 ping 报文所携带的数据部分的字节数，设置范围为 0 ～ 65500。
```

例如，向主机 10.15.50.1 发出 2 个数据部分大小为 3000 B 的 ping 报文。

```
C:\> ping -l 3000 -n 2 10.15.50.1
Pinging 10.15.50.1 with 3000 bytes of data
Reply from 10.15.50.1: bytes=3000 time=321ms TTL=123
Reply from 10.15.50.1: bytes=3000 time=297ms TTL=123
Ping statistics for 10.15.50.1:
    Packets: Sent = 2, Received = 2, Lost = 0 (0% loss),
Approximate round trip times in milli-seconds:
    Minimum = 297ms, Maximum = 321ms, Average = 309ms
```

（2）tracert

tracert 是为了探测源节点到目的节点之间数据报文所经过的路径。IP 报文在经过路由器转发后，报文中的 TTL 值被减去 1，且当 TTL=0 时会向源节点报告 TTL 超时。使用 tracert 命令后，节点首先发送一个 TTL=1 的 ICMP 报文，到达第 1 跳路由器后，路由器会返回一个 ICMP 错误消息以指明此数据报文不能被发送（因为 TTL 超时）；之后节点再发送一个 TTL=2 的报文，同样第 2 跳路由器返回 TTL 超时；这个过程不断进行，直到到达目的地，目的主机会返回一个 ICMP 目的地不可达消息，之后 tracert 操作结束。Tracert 工具可以记录每一个 ICMP TTL 超时消息的源地址，从而提供给用户报文到达目的地所经过的网关 IP 地址。

COMWARE 平台的 tracert 命令在 H3C 系列产品上的格式如下：

```
tracert[-a ip-address] [-f first_TTL] [-m max_TTL] [-p port] [-q nqueries] [-w timeout] host
-a      指定一个发送 UDP 报文的源地址；
-f      指定初始报文的 TTL 大小，默认值为 1；
-m      指定最大 TTL 大小，默认值为 30；
-p      目的主机的端口号，默认值为 33434；
-q      每次发送的探测报文的个数，默认值为 3；
-w      指明 UDP 报文的超时时间，单位为毫秒，默认值为 5000。
```

例如，查看目的主机 10.15.50.1 中间所经过的网关。

```
[H3C] tracert 10.15.50.1
traceroute to 10.15.50.1(10.15.50.1) 30 hops max,40 bytes packet
1  10.110.40.1      14 ms    5 ms     5 ms
2  10.110.0.64      10 ms    5 ms     5 ms
3  10.110.7.254     10 ms    5 ms     5 ms
4  10.3.0.177       175 ms   160 ms   145 ms
5  129.9.181.254    185 ms   210 ms   260 ms
6  10.15.50.1       230 ms   185 ms   220 ms
```

在基于 Windwos 平台的计算机或服务器上，tracert 命令的格式如下：

```
tracert [ -d] [-hmaximum_hops] [ -jhost-list] [-wtimeout] host
-d      不解析主机名；
-h      指定最大 TTL 大小；
-j      设定松散源地址路由列表；
-w      用于设置 UDP 报文的超时时间，单位为毫秒。
```

例如，查看目的节点 10.15.50.1 路径所经过的前两个网关。

```
C:\>tracert  -h  2  10.15.50.1
Tracing route to 10.15.50.1 over a maximum of 2 hops:
1        3 ms       2 ms       2 ms     10.110.40.1
2        5 ms       3 ms       2 ms     10.110.0.64
Trace complete.
```

（3）display

display 命令是用于了解设备的当前状况、检测相邻设备、从总体上监控网络、隔离因特网中故障的最重要的工具之一。几乎在任何故障排除和监控场合，display 命令都是必不可少的。

下面介绍最常用的、全局性的 display 命令。与各协议相关的 display 命令，在后面项目相应的协议故障排除中有详细介绍。

1）display version 命令

display version 命令是最基本的命令之一，它用于显示设备硬件和软件的基本信息。因为不同的版本有不同的特征，实现的功能也不完全相同，所以，查看硬件和软件的信息是解决问题的重要一步。在进行故障排除时，通常从这个命令开始收集数据。通过该命令可以帮助用户收集下列信息：

- COMWARE 软件版本。
- 设备系列名称。
- 处理器的信息。
- RAM 的容量。
- 配置寄存器的设置。
- 硬件的版本。
- 引导程序的版本。

2）display wlan ap all verbose 命令

display wlan ap all verbose 命令用于查看所有 AP 的详细信息，在排查 AP 注册、AP 反复上下线以及了解 AC 相关情况的时候，这个命令帮助用户了解 AP 整体注册情况以及每个 AP 的详细统计信息。通过该命令可以帮助用户了解以下主要信息：

- AP 在线状态。
- AP 在线时长。
- AP 软 / 硬件版本。
- AP 上一次获取的 IP 地址。
- AP 上一次隧道断开的原因。
- 射频模式、信道、功率等信息。

如果想要查看特定 AP 的详细信息，可以指定具体 AP 名称查看。例如，使用 display wlan ap name test verbose 命令查看 AP 名称为 test 的详细信息。

3）display wlan client verbose 命令

display wlan client verbose 命令用于查看关联终端的详细信息，在排查终端关联、终端网速慢等问题时，可以帮助用户了解终端的详细信息。通过该命令可以查看所有关联终端的详细信息，增加查看终端 MAC 地址命令可以查看具体终端的详细信息。例如，display wlan client mac-address ××××-××××-×××× verbose；增加 AP 名称可以基于 AP 查看关联终端的详细统计信息；使用 display wlan client ap test verbose 命令可以查看 AP test 下关联终端的详细数据。通过该命令可以帮助用户了解以下主要信息：

- 关联终端的 MAC 地址。
- 关联终端的 IP 地址。
- 终端关联的 AP 名称。
- 关联终端是否休眠。
- 关联终端的信号强度。
- 关联终端的收发协商速率。
- 终端关联 AP 的时长。

4）display interface 命令

display interface 命令可以显示所有接口的当前状态，如果只是想查看特定接口的状态，在该命令后输入接口类型和接口号即可。例如，display interface Gigabitethernet1/0/1 命令将查看以太接口 GE1/0/1 的运行状态和相关信息。

5）display diagnostic-information 命令

display diagnostic-information 命令用于采集设备的诊断信息，诊断信息记录设备的当前运行配置、保存配置信息、日志信息、ARP 表项、路由表项等信息，帮助维护人员查看设备的运行情况，便于问题分析。

（4）debugging

H3C 系列设备提供大量的 debugging 命令，可以帮助用户在网络发生故障时获得设备中相关的细节信息，这些信息对网络故障的定位是至关重要的。

在 COMWARE 中，debugging 信息及其他提示信息的输出是由信息中心（info-center）来统一管理的。因此，用户要查看调试信息，需要先开启信息中心并设定调试信息的输出方向，然后再打开相应的调试命令并将信息在终端上打印出来。

开启 info-center 功能的命令如下所示：

```
[H3C]info-center enable
```

打开相应的调试开关，打开 IP packet 调试开关的命令如下所示：

```
<H3C> debugging ip packet
```

开启本地终端对系统信息的监视功能的命令如下所示：

```
<H3C>terminal debugging
```

如果是远程登录（Telnet）到设备，则需要开启远程控制台对调试信息的显示功能。

```
<H3C>terminal monitor
```

1）debugging 命令使用注意事项

由于调试信息的输出在 CPU 处理中被赋予了很高的优先级，debugging 命令会占用大量的 CPU 运行时间，在负荷高的设备上运行可能引起严重的网络故障（如网络性能迅速下降）。但 debugging 命令的输出信息对于定位网络故障又非常重要，是维护人员必须使用的工具。因此，以下总结了一些使用 debugging 命令的注意要点。

① 应当使用 debugging 命令来查找故障，而不是用来监控正常的网络运行。尽量在网络使用的低谷期或网络用户较少时使用，以降低 debugging 命令对系统的影响。

② 在没有完全掌握某 debugging 命令的工作过程以及它所提供的信息前，不要轻易使用该 debugging 命令。

③ 由于 debugging 命令在各个输出方向对系统资源的占用情况不同，根据网络负荷状况，应在使用方便性（info-center console debugging 命令）和资源耗费小（info-center logbuffer debugging 命令）间做出权衡。

④ 仅当寻找某些类型的流量或故障并且已将故障原因缩小到一个可接受的范围时，才可以使用某些特定的 debugging 命令。这样一方面可以减少 debugging 命令对设备性能的影响，另一方面减少了许多无用信息的输出，有利于更加迅速定位故障。

⑤ 在使用 debugging 命令获得足够多的信息后，应立即以 undo debugging 命令终止 debugging 命令的执行。

⑥ 使用 display debugging 命令查看当前已打开哪些调试开关，使用相应命令关闭；使用 undo debugging all 命令关闭所有调试开关。

2）display 命令和 debugging 命令的配合使用

display 命令能够提供某个时间点的设备运行状况，而 debugging 命令能够动态展示一段时间内设备运行的变化情况。因此，要在故障排除时了解系统运行的总体情况，必须同时使用这两个命令。一般说来，display 命令不会影响系统的运行性能，而 debugging 命令则会对系统性能造成影响。因此在故障排除时，首先使用相关的 display 命令查看设备当前的运行状况，分析可能原因，将故障缩小到适当范围，然后打开某个特定的 debugging 命令观察变化情况，以定位和排除问题。

2. H3C 无线业务管理组件（WSM）

微课 6-2
H3C 无线业务管理组件（WSM）

H3C 无线业务管理组件（WSM）在下一代业务软件平台 iMC 的基础上进行开发，不仅为管理员提供了灵活的组件选择，同时符合业界主流的 SOA 架构，具备良好的扩展性，能够满足客户网络管理不断发展的需求。该组件基于 Web 开发，为无线业务管理者提供了简便、友好的管理平台。与 iMC 智能管理平台及其他组件配合，还可实现无线设备的面板管理、故障管理、性能监控、软件版本管理、配置文件管理、接入用户管理、用户认证管理等功能，并可对网络中的其他设备进行统一管理，真正实现有线无线一体化管理。

（1）无线有线一体化管理

H3C 无线业务管理组件作为 iMC 智能管理中心的无线业务管理核心，对于网络中的 AC、Fat AP、Fit AP、移动终端等无线设备与有线设备进行一体化集中管理，全网设备信息和状态一目了然。网络资源可通过多种视图进行查看，视图内分组管理，将规模巨大的无线接入设备有效组织，便于管理员维护，如图 6-1 所示。

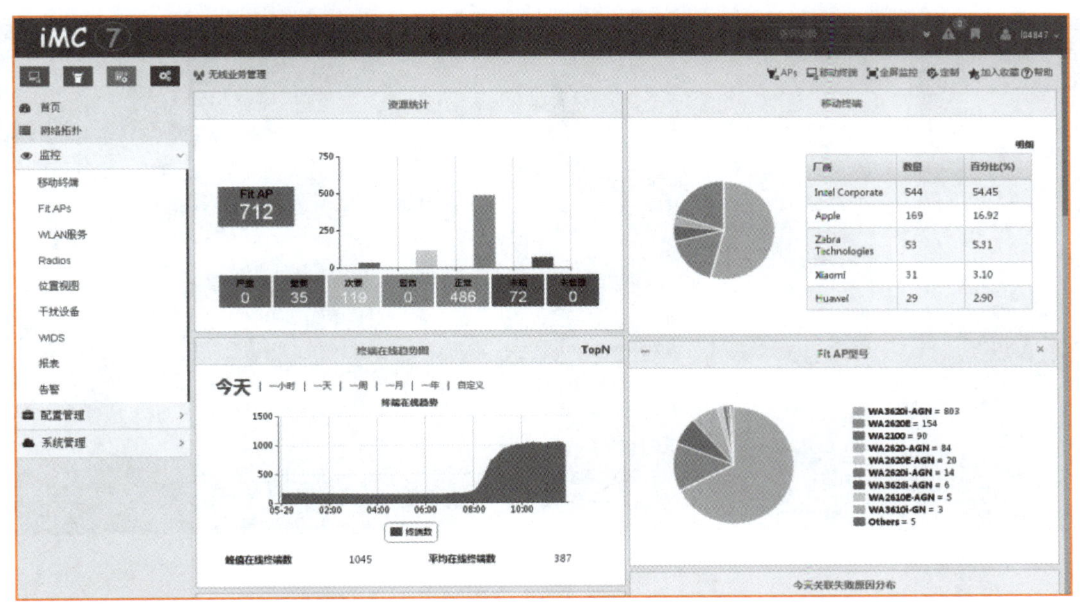

图 6-1 无线业务概览

（2）全屏监控界面

全屏监控能够更直观地展现当前终端数量、AP 数量、数据流量、终端厂商情况以及终端位置分布等信息，帮助管理员快速监控全网情况，对整个无线网络概况有一个大体了解，如图 6-2 所示。

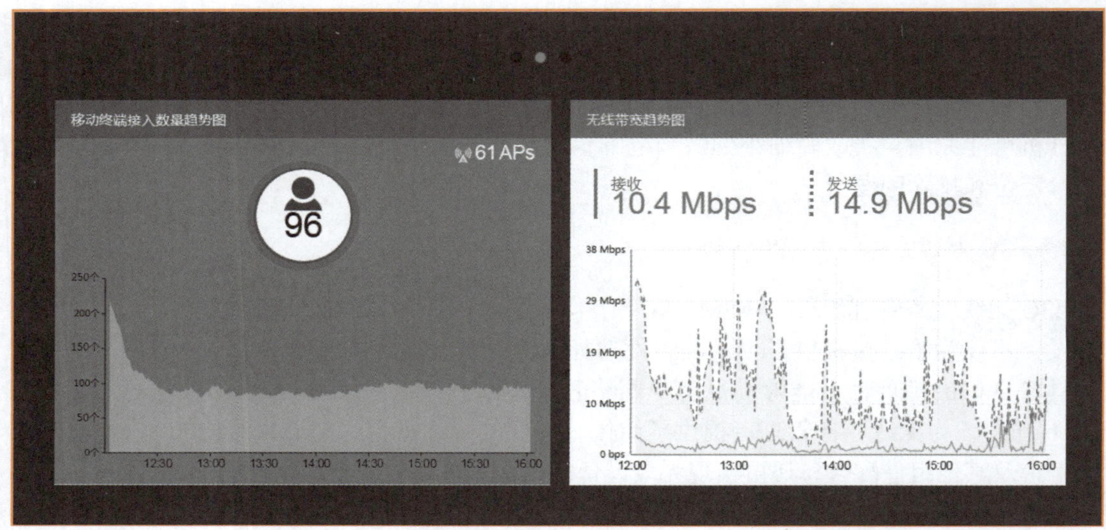

图 6-2 全屏监控界面

（3）桌面版管理

普通的管理界面入口太多，太烦琐，桌面版管理使用类似平板电脑的操作界面，可以一键添加想要的功能，让常用功能一键进入，方便管理员使用，做到简单、快捷管理网络，如图 6-3 所示。

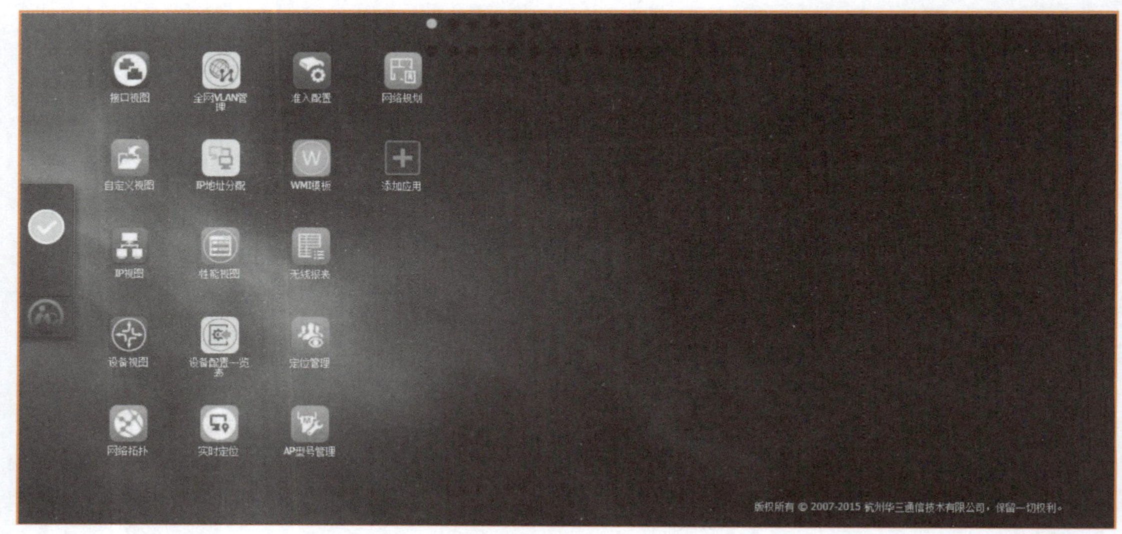

图 6-3 桌面版管理界面

（4）多样化的拓扑管理

WSM 中的无线业务逻辑拓扑帮助管理员直观了解网络部署情况及设备 / 链路当前状态，可以查看 Fit AP 的在线情况及告警状态。并且系统可根据不同的方式组织资源，有效进行拓扑分组、真实组织全网资源。在物理位置视图中管理员可根据需要创建多维度、多层次的物理位置结构，并在指定建筑物底图上根据真实情况摆放设备，逼近真实网络环境。

WSM 的拓扑包括无线设备拓扑、位置视图拓扑、无线自定义视图拓扑及物理拓扑等，如图 6-4 所示。

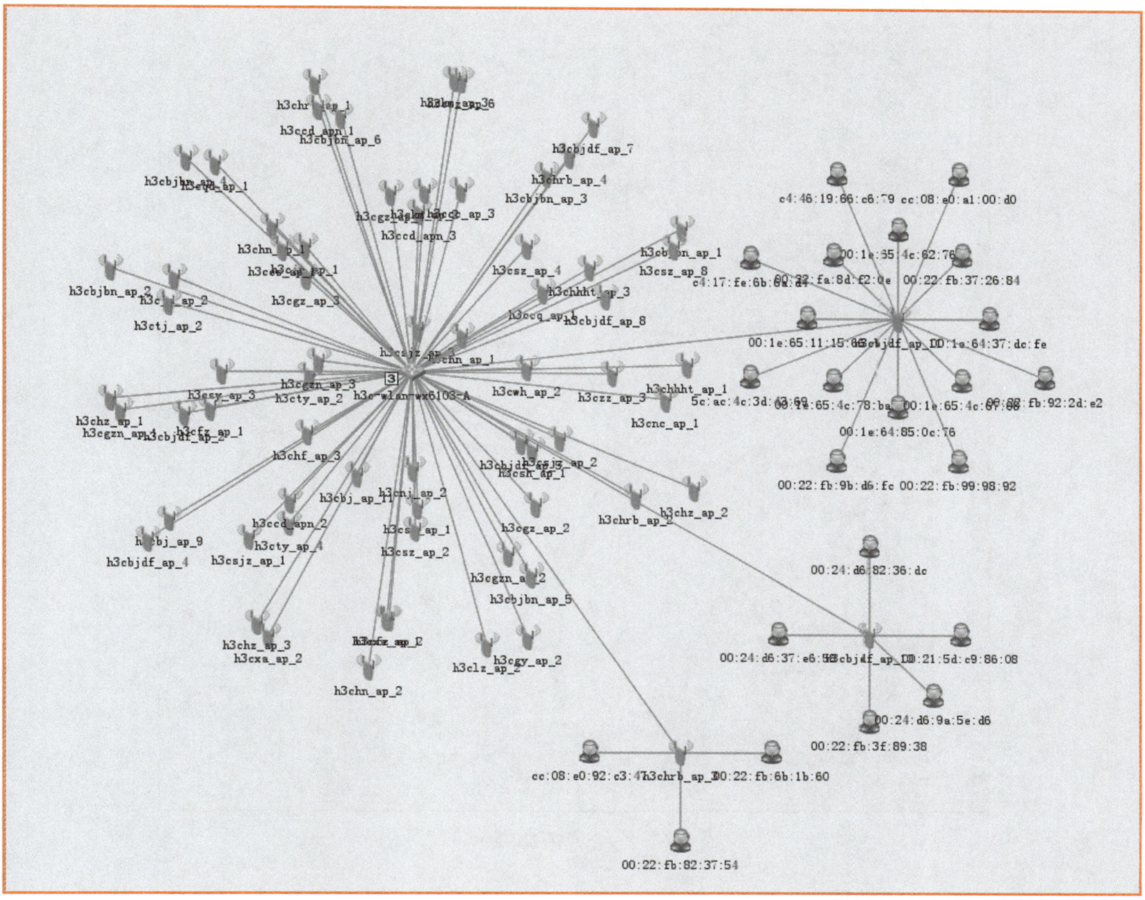

图 6-4 无线设备拓扑

（5）终结者 AP 管理

WSM 支持终结者 AP 的管理，包括管理本体、分体，以及查看本体面板使用情况，可以在拓扑上按真实场景摆放分体 AP，实现终端定位功能。终结者本体面板和拓扑展示情况如图 6-5、图 6-6 所示。

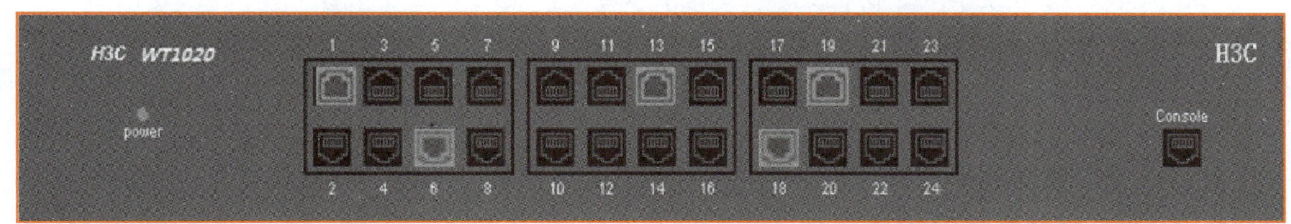

图 6-5 终结者本体面板

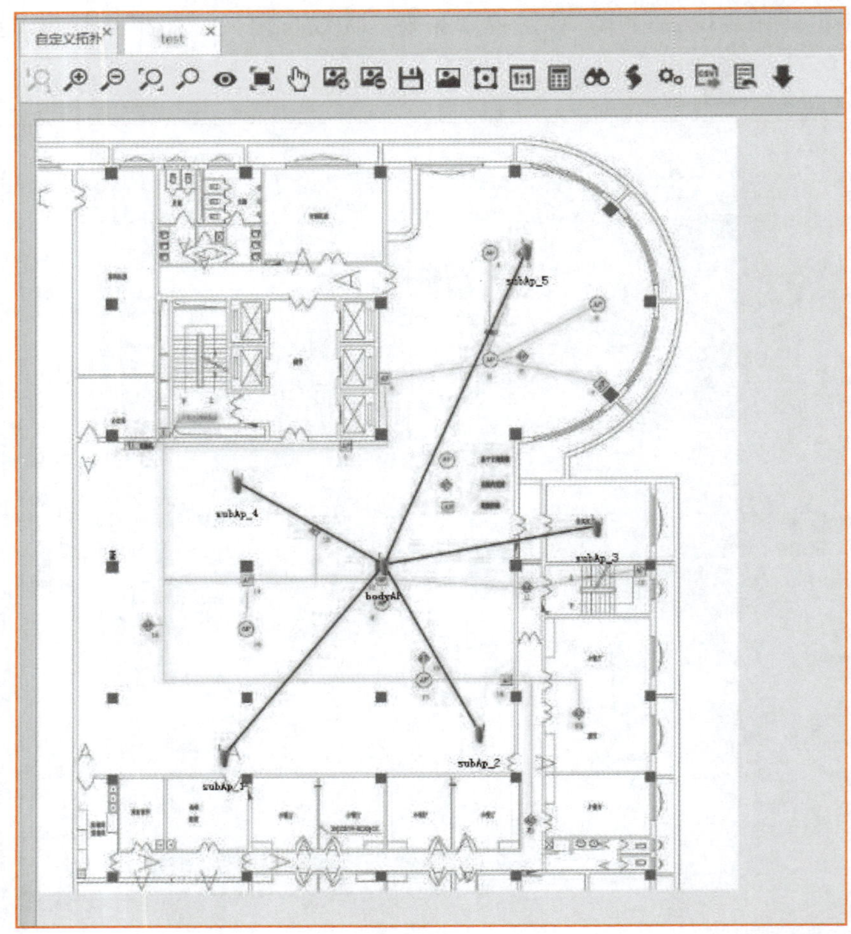

图 6-6 终结者拓扑展示情况

（6）iBeacon 管理配置

WSM 可以帮助管理员对部署的 iBeacon 进行整体监控和批量配置。通过 WSM 可以查看 iBeacon 的电量、iBeacon MAC、iBeacon UUID、所在 AP、Major ID 以及 Minor ID，并可以配置 iBeacon UUID、Major ID 和 Minor ID。

（7）无线终端查看和漫游记录审计

WSM 可以直接在拓扑图中对移动终端的信息进行查看，包括 MAC 地址、信号强度、在线时长、流量、发射速率集、协商速率、RSSI、SSID、使用信道、所在 AC 设备、所在 AP 设备等，并能查看各移动终端的全部漫游记录，使管理员随时了解最终接入用户的情况，并对其接入轨迹进行审计。

（8）RF 覆盖及无线网络规划

在实际无线环境的部署和维护中，需要关注无线设备的 RF 范围、覆盖管理以及无线网络规划扩容问题。WSM 可以用很直观的拓扑图表示出无线网络中的 RF 覆盖状况，如图 6-7 所示。通过障碍物的设置，用户可以更加精确地查看由于遮挡对信号衰减的情况。查询 RF 覆盖可以分别按照信号强度、速率、信道进行，满足用户分析信号覆盖情况的需要。

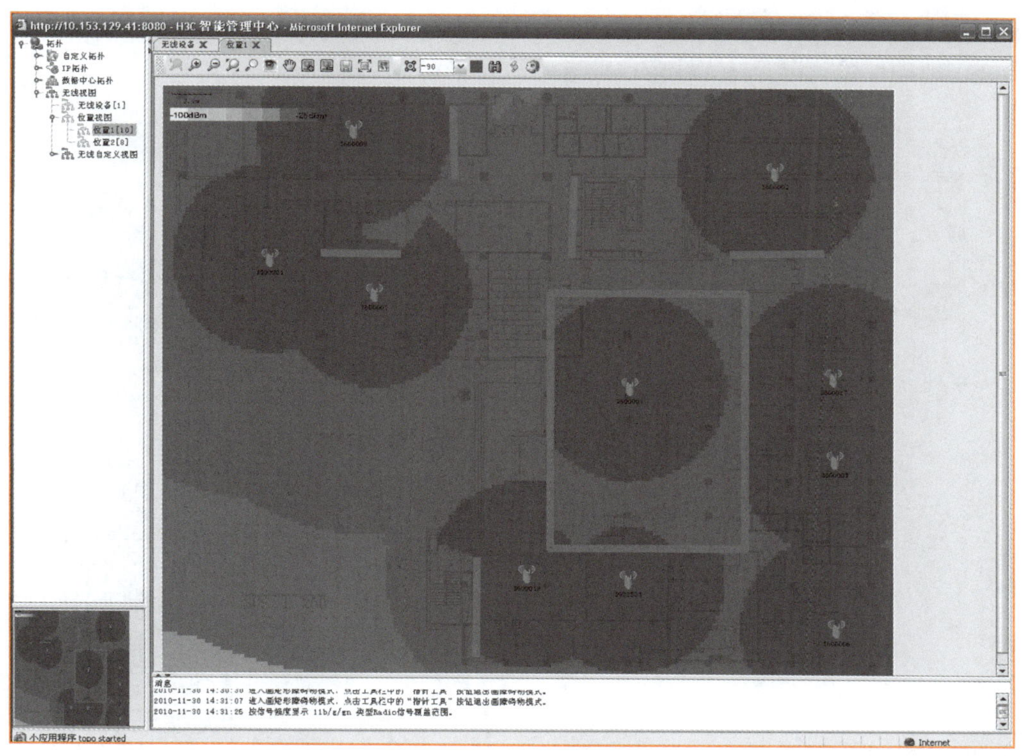

图 6-7 无线 RF 覆盖状况

可根据用户的需求，将虚拟 AP 加入位置视图拓扑，并查看信号覆盖范围，帮助用户在建设或扩容 WLAN 网络之前，通过评估具体位置中 AP 信号覆盖情况，对 AP 型号选择和布局进行详细的网络规划。如果需要增加的 AP 型号和天线系统中没有，可以自定义增加。用户可以选择手工网络规划或者自动网络规划，如果信号覆盖情况与预期效果不同，可根据需要调整虚拟 AP 的位置、Radio 和天线配置，直到达到预期效果。增加 AP 计算器功能，通过设置要求的使用参数后，自动计算所需的 AP 数量，如图 6-8 所示。

（9）无线频谱防护

WSM 无线频谱防护特性支持用户查看无线网络中的当前干扰设备、历史干扰设备、AP 信道质量和 AP 信道质量报表，对 AP 进行频谱分析监控，查看 AP 频谱分析监控历史数据，从而充分了解无线网络当前以及历史的性能和安全性。设备配置对支持频谱防护的 AC 以及 AP 进行频谱防护相关功能配置，方便用户定制频谱防护功能。支持干扰设备信息查询，用户可通过输入查询条件快速得到所有相关的干扰设备信息。支持信道利用率图、信道利用率趋势图、信道质量图、信道质量趋势图、干扰信号强度、FFT 图、FFT Duty Cycle 和 Swept Spectrogram 图的监控，还能查看实时图保存的监控历史文件，支持 FFT、FFT Duty Cycle、Swept Spectrogram 历史图，以图、表相结合的方式展现给用户，内容清晰直观。支持 AP 信道质量信息查询，用户可通过输入查询条件快速得到所有相关的 AP 信道质量信息。

（10）无线定位与 GIS 管理功能

对网络进行管理有时需要无线定位功能，通过无线定位系统，可以实现对在线 STA、非法 STA，以及非法 AP 的定位，同时可以实现对 H3C iNode 用户的定位，方便用户及时了解无线用户和非法设备的物理位置，及时解决问题。通过 GIS 管理功能，可以实现对 AP 的 GIS 信息管理功能、地理位置确定等。无线定位业务展示如图 6-9 所示。

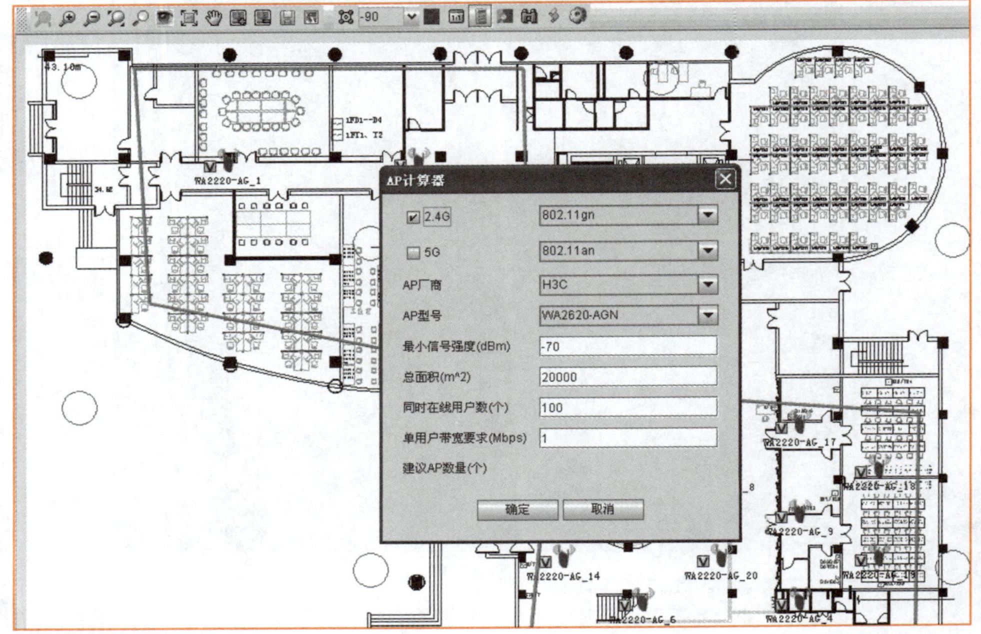

图 6-8 AP 计算器

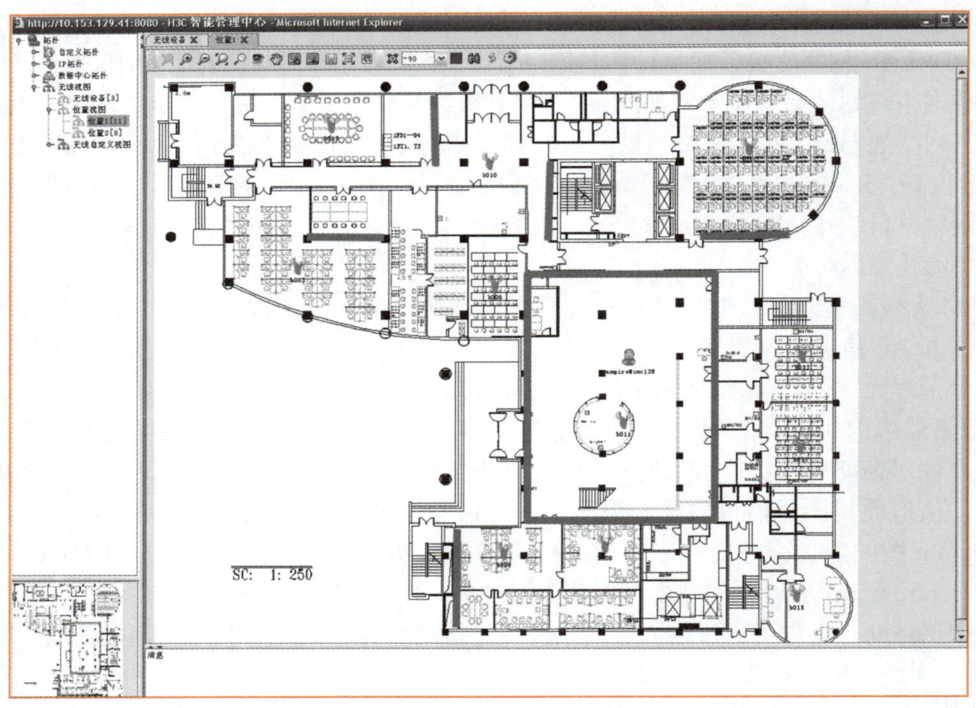

图 6-9 无线定位业务展示

（11）基于物理位置的无线终端准入控制

结合 iNode 客户端，WSM 可以实现基于物理位置的无线终端准入控制。通过设置准入区域及其准入规则，用户可以将未经授权的 iNode 用户强制下线或向其发送通知等方式进行控制，方便用户实施基于物理位置的终端准入控制，如图 6-10 所示。

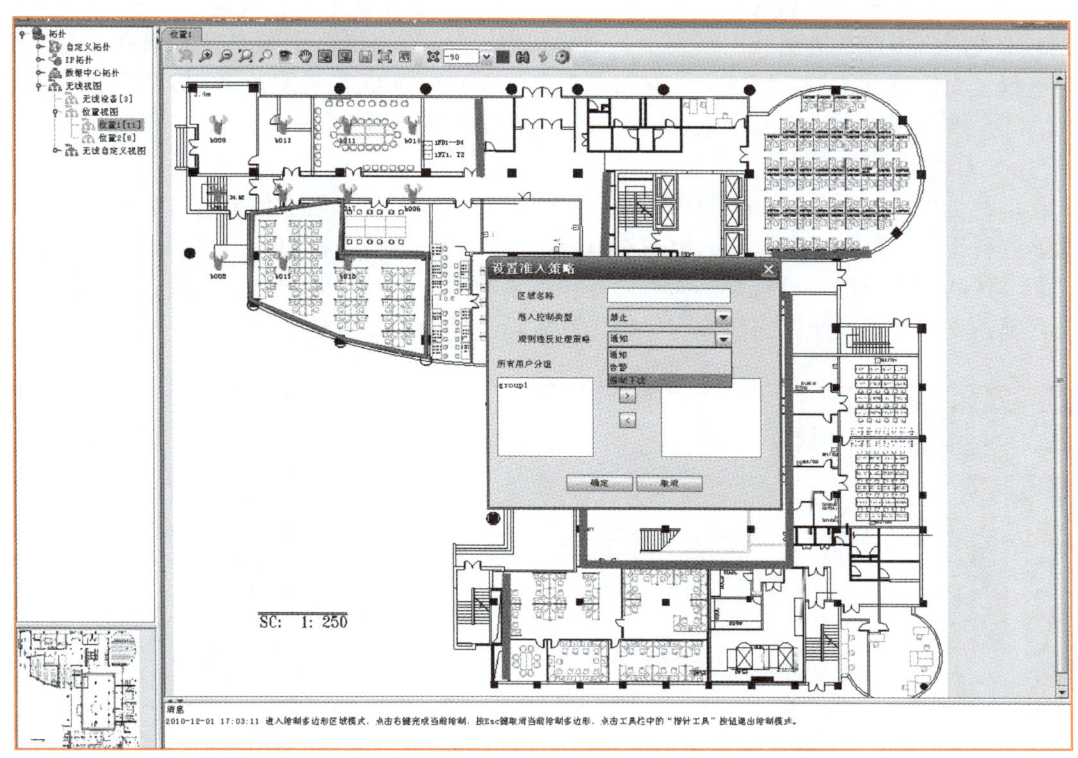

图 6-10 无线终端准入控制

（12）PoE 供电管理

WSM 可以实现对 AP 可能的上联设备进行查询的功能，并可以确定 AP 与上联设备是否直连。通过此功能，可以方便用户查找 AP 的物理接入端口。如果 AP 是使用 PoE 供电的方式，还可以通过对 PoE 端口的操作实现对 AP 的断电、上电。

（13）绿色节能管理

无线网络在提升人们生活质量的同时，对环境造成的压力日益增大，已成为全社会绿色环保节能减排战略中的重要战场。WSM 绿色节能特性支持为无线设备制定节能策略，策略类型包括 AP 启动停止、Radio 启动停止、Radio 功率调整、SSID 启动停止，以达到节约能源、减少辐射、改善环境的目的。

（14）主备 AC 管理

WSM 可以提供强大的主备 AC 管理功能。在界面中，可以看到各个 AP 的主备连接状态，并且可以对相同序列号的 AP 进行合并，从而实现了全网级别的 AP 管理。同时，在处理报表等性能数据时，自动对主备情况下的性能数据进行整合，极大提高了性能数据的可用性、移动性。同时，通过主备 AC 分组的配置，用户可以方便地将配置同时下发到主备 AC 上，方便了用户的使用。

（15）无线入侵检测和防护

无线网络灵活多变，并且基础设施不可见，因此比有线网络更容易遭到越权使用，如何有效地保证无线网络的安全，阻止威胁无线网络安全的各种因素成为企业必须要解决的问题。WSM 无线入侵检测与防护（以下简称 WIPS）可以根据企业用户自定义的无线安全策略对 802.11 无线网络中存在的威胁网络安全、干扰网络服务、影响网络性能的无线设备或客户端的行为进行全面检测及防护，保证无线网络的安全。WSM WIPS 提供设备 WIPS 配置管理、信息检测、安全事件查看、虚拟安全域管理、攻击检测策略管理等功能。

（16）无线网络故障定位

移动终端接入 WLAN 失败或接入 WLAN 后链路不稳定时，管理员可通过无线网络故障定位功能进行无线链路 RF ping、有线链路 NQA 诊断及 AP 频谱分析对接入过程或者链路状况进行诊断，帮助排查故障。可选择实时故障定位或者故障定位移动终端在过去某一个时间段内的接入状况，支持导出无线网络故障定位报告。故障链路诊断如图 6-11 所示。

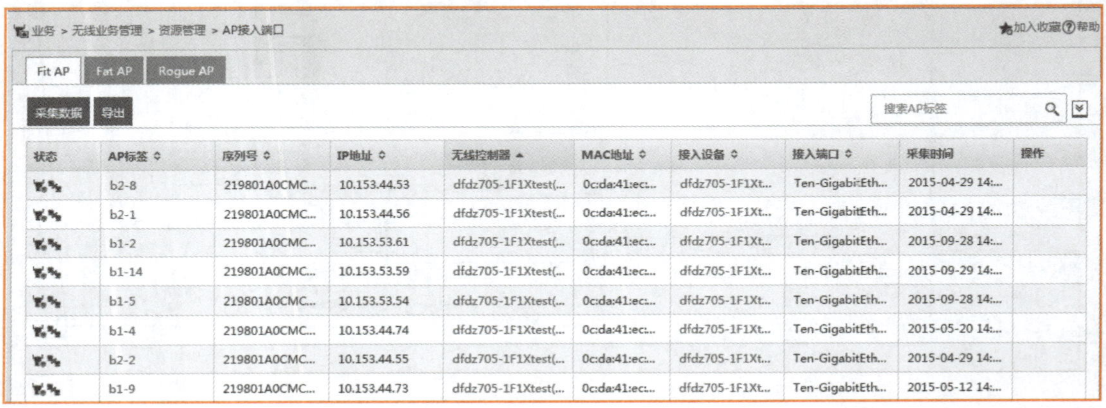

业务 > 无线业务管理 > 资源管理 > AP接入端口　　加入收藏 帮助

Fit AP　Fat AP　Rogue AP

采集数据　导出　　搜索AP标签

状态	AP标签	序列号	IP地址	无线控制器	MAC地址	接入设备	接入端口	采集时间	操作
	b2-8	219801A0CMC...	10.153.44.53	dfdz705-1F1Xtest(...	0c:da:41:ec:...	dfdz705-1F1Xt...	Ten-GigabitEth...	2015-04-29 14:...	
	b2-1	219801A0CMC...	10.153.44.56	dfdz705-1F1Xtest(...	0c:da:41:ec:...	dfdz705-1F1Xt...	Ten-GigabitEth...	2015-04-29 14:...	
	b1-2	219801A0CMC...	10.153.53.61	dfdz705-1F1Xtest(...	0c:da:41:ec:...	dfdz705-1F1Xt...	Ten-GigabitEth...	2015-09-28 14:...	
	b1-14	219801A0CMC...	10.153.53.59	dfdz705-1F1Xtest(...	0c:da:41:ec:...	dfdz705-1F1Xt...	Ten-GigabitEth...	2015-09-29 14:...	
	b1-5	219801A0CMC...	10.153.53.54	dfdz705-1F1Xtest(...	0c:da:41:ec:...	dfdz705-1F1Xt...	Ten-GigabitEth...	2015-09-28 14:...	
	b1-4	219801A0CMC...	10.153.44.74	dfdz705-1F1Xtest(...	0c:da:41:ec:...	dfdz705-1F1Xt...	Ten-GigabitEth...	2015-05-20 14:...	
	b2-2	219801A0CMC...	10.153.44.55	dfdz705-1F1Xtest(...	0c:da:41:ec:...	dfdz705-1F1Xt...	Ten-GigabitEth...	2015-04-29 14:...	
	b1-9	219801A0CMC...	10.153.44.73	dfdz705-1F1Xtest(...	0c:da:41:ec:...	dfdz705-1F1Xt...	Ten-GigabitEth...	2015-05-12 14:...	

图 6-11　故障链路诊断

（17）第三方设备支持

WSM 支持对第三方设备的管理，主要包括 AC 级别的全局配置，AC、Fit AP 和移动终端的基本信息展示，Radio 配置，Group 配置，WLAN 配置等。

（18）无线业务分级管理

WSM 支持无线分级管理，如图 6-12 所示，上级的管理组件称为 WSMS（WSM Supervisor，以下简称 WSMS，依赖于 iMC 专业版平台），可实现对多个下级 WSM 的统一管理和业务监视。通过对无线网络的分级管理，网络管理员不再受限于地理位置和管理规模，只需登录 WSMS 就可以轻松实现对大规模无线网络的设备管理、资源调度和关键业务数据的统计，方便用户了解和查找整网的设备资源，掌握关键业务数据的统计信息。同时，WSMS 提供单点登录功能，即网络管理员在 WSMS 上就可以随时登录任意下级 WSM，进一步配置或了解设备的详细业务信息，方便用户对无线网络进行运营维护。WSMS 支持管理最多 10 个下级网络，管理设备总数量不超过 30000 个 AP 设备。

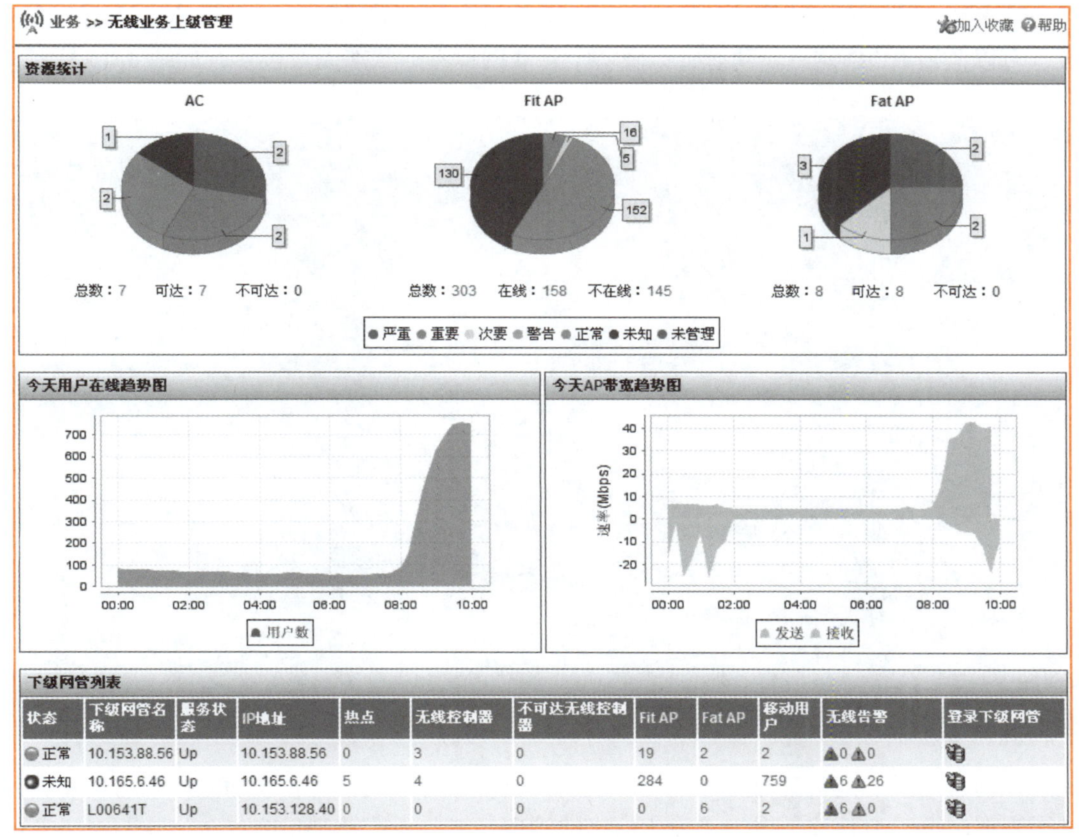

图 6-12 无线业务分级管理

（19）无线网络质量评估

WSM 为用户提供了评估无线网络质量的途径，方便用户了解某区域内的 AP 工作情况及用户体验情况，协助发现薄弱区域，协助确认体验差用户及可能原因。根据评估结果及数据记录，用户可采取有效措施进行网络优化，改善网络质量。网络评估功能是通过创建网络评估任务实现的。通过对位置视图下的 AP 设备及移动用户进行数据采集并汇总，并根据任务阈值设置的 AP 及用户的评价标准对 AP 及用户进行评估，完成评估后可查看网络评估报告了解评估期间 AP 的工作情况及用户网络使用情况。评估报告中会显示各位置视图下 AP 设备的总评信息、评估期间 AP 及用户各项统计指标的历史及汇总记录，以及相应的评价结果。可通过总评信息了解某位置下 AP 的整体工作情况，通过各查询条件迅速找到关心的 AP 及用户。

（20）丰富的无线统计报表

对网络进行运营管理需要对网络进行全方位的监控，从网络各种性能指标、告警指标中进行智能的统计和分析，才能有效从整体对网络状况进行衡量。WSM 提供了丰富的无线统计报表查询和定制功能，以帮助管理员对网络进行综合而全面的管理。通过配置分级报表系统，可以实现对大规模的无线网络的报表系统，从而可以满足运营商级别的报表统计需求。

（21）医疗物联网管理

医疗物联网系统以双网融合、统一管理的理念，将传统的无线网络和物联网网络统一管理，统一监控。在传统网络方面，可以监控终端趋势、AP 状态、无线拓扑等内容；在物联网领域，可以监控 RFID 阅读器状态，以及各个物联网标签的状态以及位置，如图 6-13 所示。

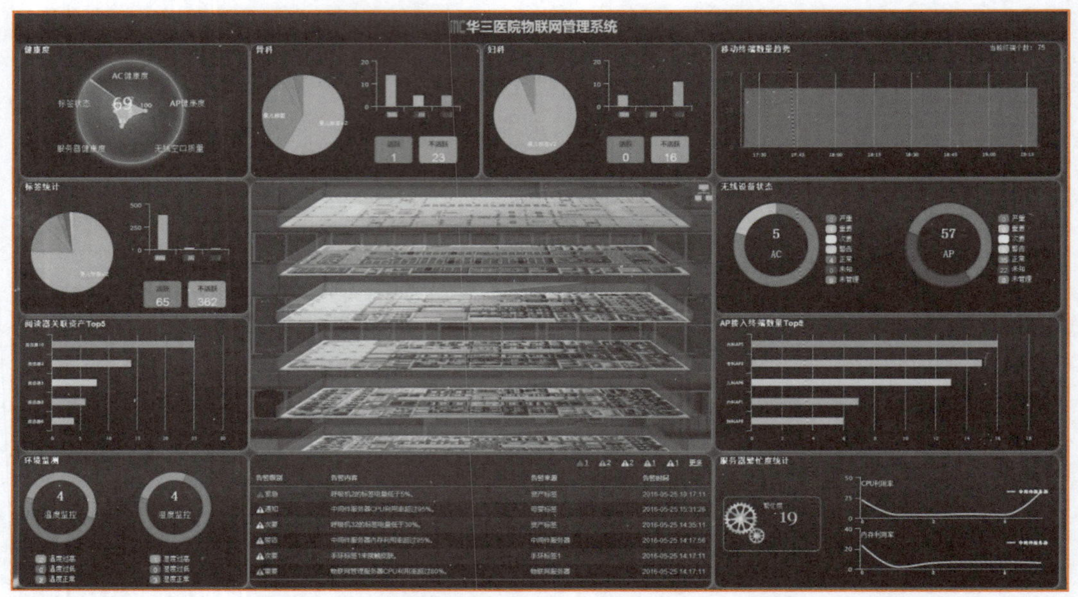

图 6-13 医疗物联网系统概览

医疗物联网系统是基于 iMC WSM 开发的，集合原有无线设备管理功能的同时对物联网模块进行管理，不仅为管理员提供了传统网络的管理功能，还能够满足客户对物联网网络管理不断发展的管理需求。医疗物联网管理系统可实现对无线设备的性能监控、状态监控，网络质量监控，终端监控，还能提供对物联网标签的状态管理（如图 6-14 所示），位置管理等功能，真正实现物联网与传统网络的一体化管理。

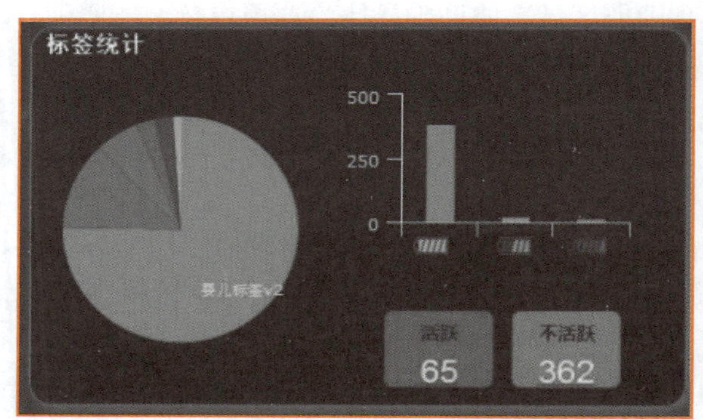

图 6-14 标签状态统计

通过医疗物联网系统，可以监控医院所有资产标签的状态，包括电量低或者已经损坏的标签，可以帮助医院对标签进行更换，保证业务的稳定性。

通过查看阅读器关联资产 Top5，可以知道在医院哪个 RFID 阅读器下管理的资产标签较多，对整个物联网环境的部署以及资产的部署有一个大概的了解，如图 6-15 所示。

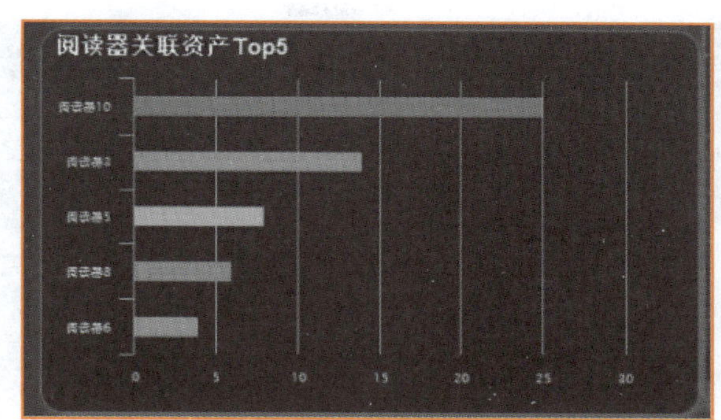

图 6-15 阅读器关联的标签排名

（22）物联网拓扑管理

物联网拓扑管理，可以将无线设备和物联网标签统一展示在一张拓扑图上，清晰直观地看到网络拓扑状态，帮助运维人员监控设备是否正常，设备下的物联网标签是否工作，如图 6-16 所示。

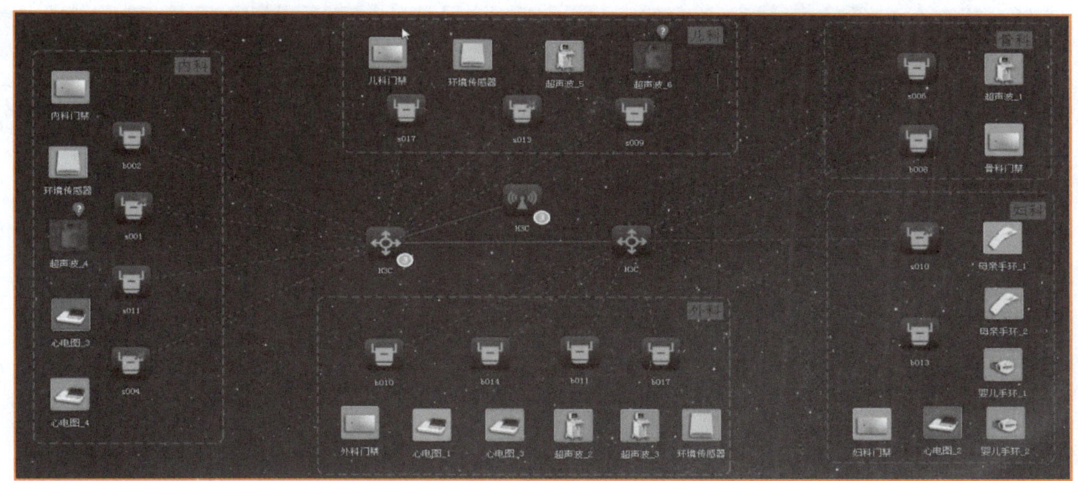

图 6-16 物联网拓扑

（23）标签位置管理

医疗物联网系统还可以通过导入的地图数据，展示每一层的资产位置，以及资产标签和环境的状态，如图 6-17 所示。

3. 无线网络故障排查思路

微课 6-3
无线网络故障排除思路

对于如何排除网络故障，建议采用系统化故障排除思想。故障排除系统化是合理地、一步一步找出故障原因并解决的总体原则。它的基本思路是系统的，将可能的故障原因所构成的一个大集合缩减（或隔离）成几个小子集，从而使问题的复杂度迅速下降。排除故障时，有序的思路有助于解决所遇到的任何困难，网络故障的一般排除流程如图 6-18 所示。

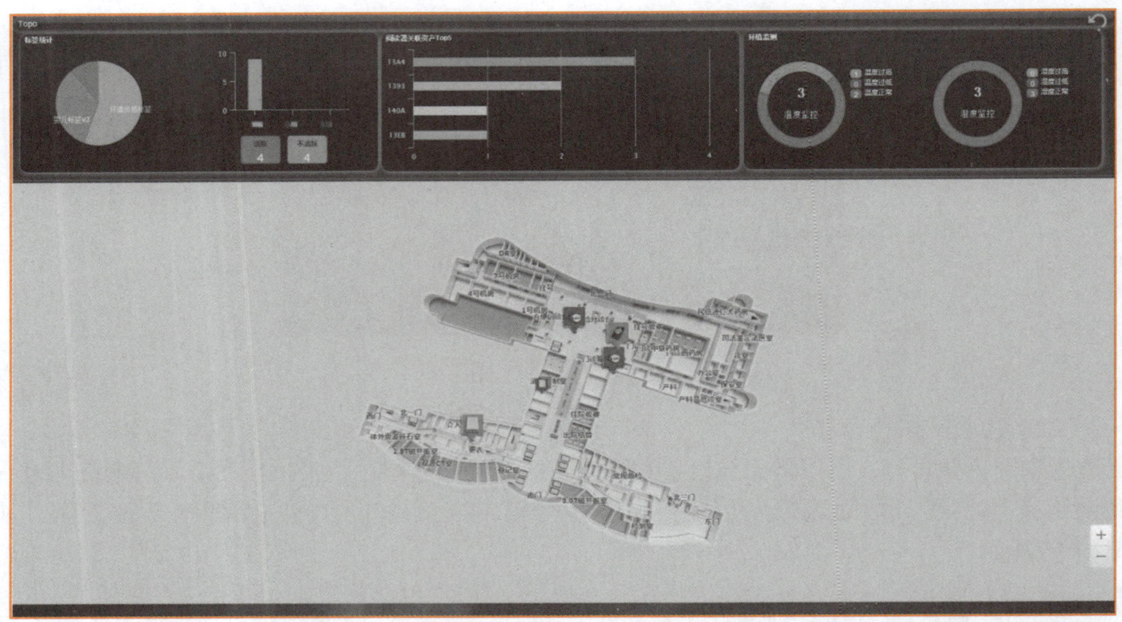

图 6-17 医疗标签位置管理

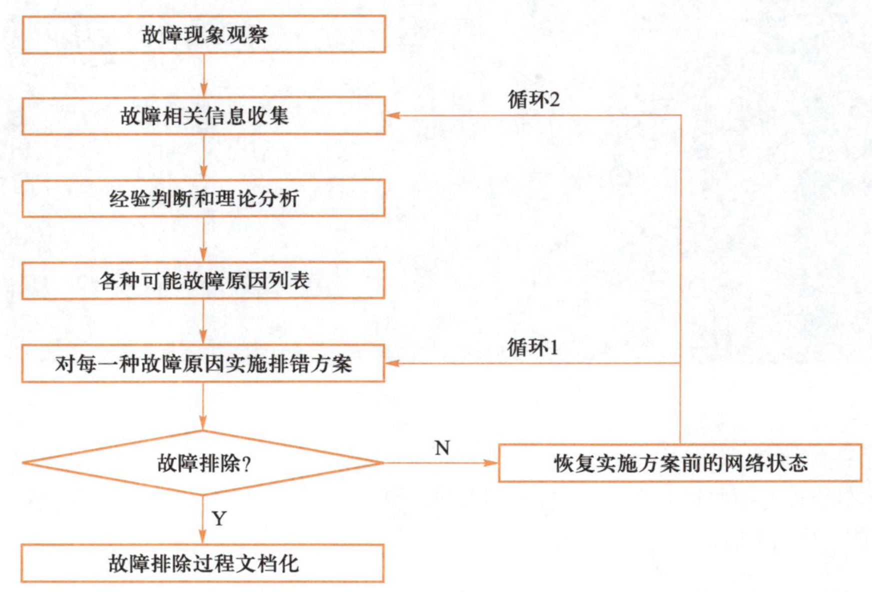

图 6-18 网络故障排除流程

（1）无线终端无法接入

无线终端可以搜索到设备配置的无线服务（SSID），但无法接入无线网络。对于该故障排除流程如下：

① 首先确认无线终端是否离设备过远，确认其他终端是否能接入无线服务。

② 确认是否开启频谱导航。

③ 若设备无线服务配置了安全策略，确认终端接入的密码是否输入错误。

④ 查看现场是否存在其他同名但鉴权方式不同的 SSID。

（2）无线终端无法上网

无线终端可以接入无线网络，但无法上网，按照以下流程排除故障问题，如图 6-19 所示。

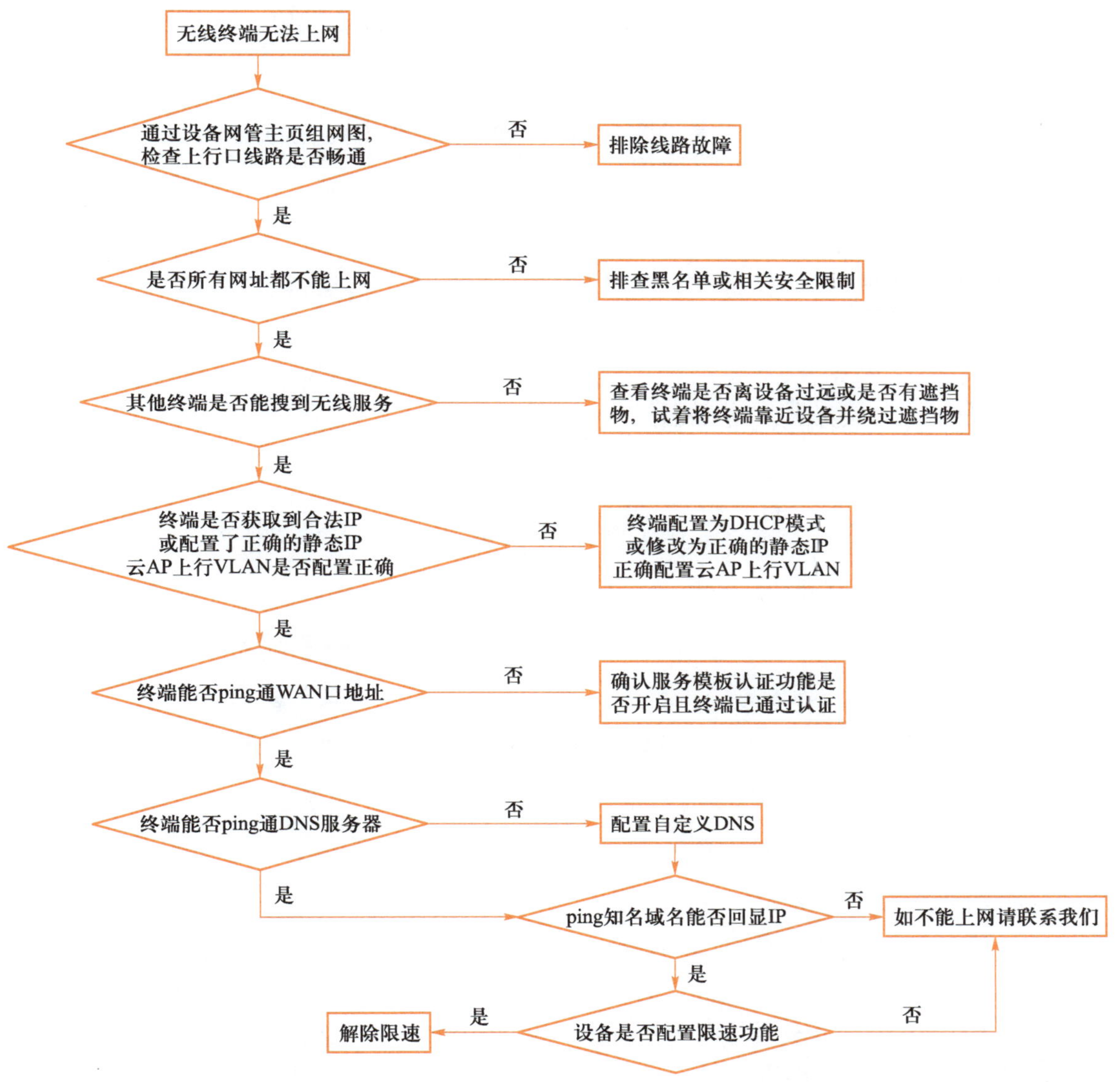

图 6-19 无线终端无法上网排除故障流程

（3）无线终端上网卡慢

无线终端能够连接无线网络，但出现访问网络时网速过慢问题，测试发现有丢包现象，根据如下故障排除流程检查网络问题，如图 6-20 所示。

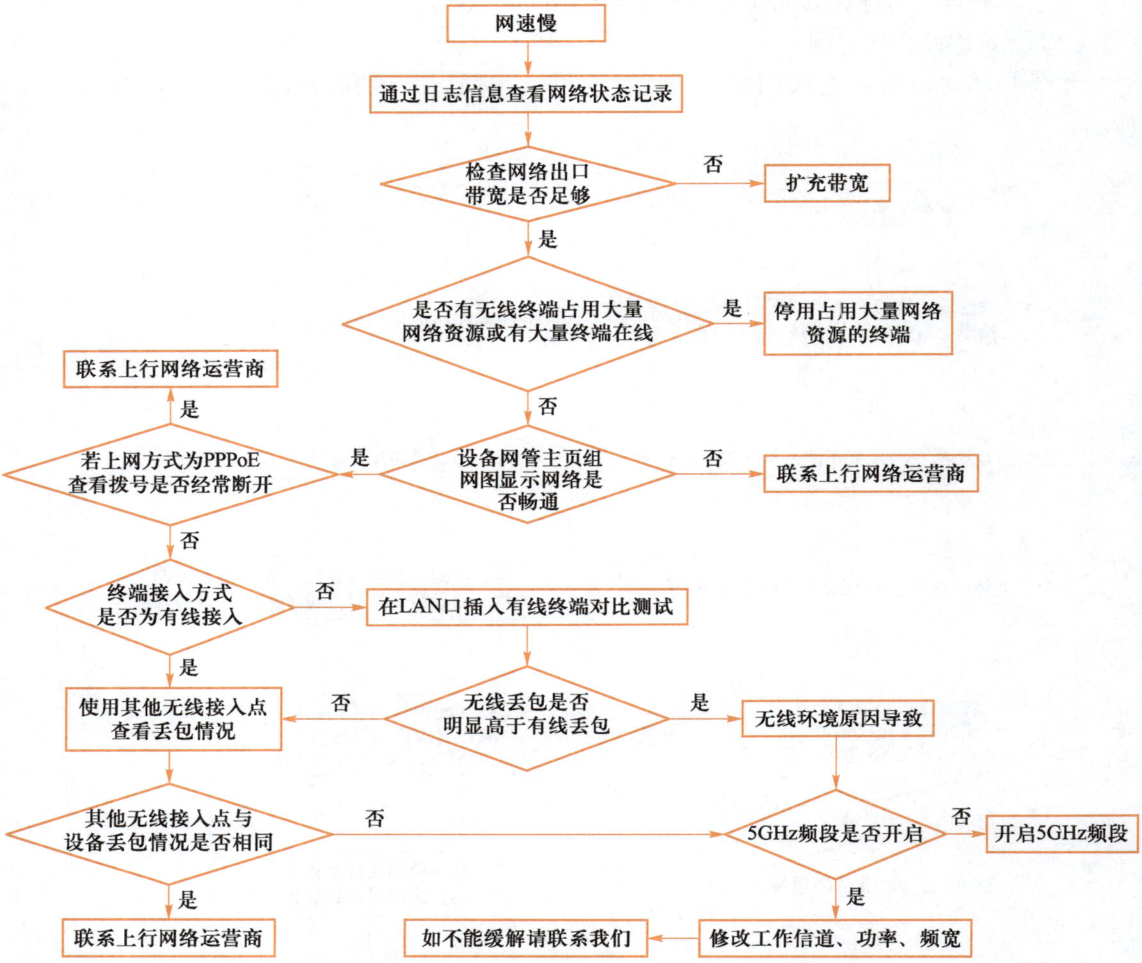

网速慢
通过日志信息查看网络状态记录
检查网络出口带宽是否足够
否
扩充带宽
是
是否有无线终端占用大量网络资源或有大量终端在线
是
停用占用大量网络资源的终端
否
设备网管主页组网图显示网络是否畅通
否
联系上行网络运营商
是
若上网方式为PPPoE查看拨号是否经常断开
是
联系上行网络运营商
否
终端接入方式是否为有线接入
否
在LAN口插入有线终端对比测试
是
无线丢包是否明显高于有线丢包
否
使用其他无线接入点查看丢包情况
是
无线环境原因导致
其他无线接入点与设备丢包情况是否相同
否
5GHz频段是否开启
否
开启5GHz频段
是
联系上行网络运营商
是
修改工作信道、功率、频宽
如不能缓解请联系我们

图 6-20 无线终端上网卡慢排除故障流程

4. 无线网络故障排除方法

（1）分层故障排除法

基本上所有的网络技术模型都是分层的。当网络的所有底层结构工作正常时，它的高层结构才能工作正常。层次化的网络故障分析方法有利于快速、准确地进行故障定位。

开放系统互连（Open System Interconnection，OSI）参考模型为网络工程师提供了通用的语言，它定义了网络的 7 层结构，从低到高依次为物理层、数据链路层、网络层、传输层、会话层、表示层、应用层。任何一种网络协议都可通过 OSI 参考模型找到对应的映射关系。OSI 参考模型与 TCP/IP 协议层的关系如图 6-21 所示。

微课 6-4
无线网络故障排除方法

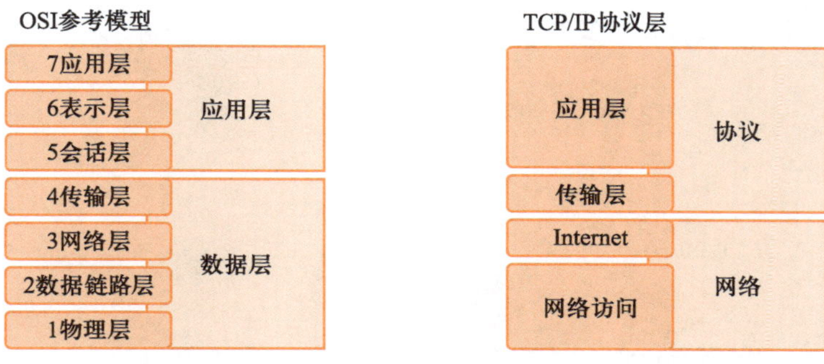

图 6-21 OSI 参考模型与 TCP/IP 协议层的关系

OSI 模型已经渗透到网络排障与管理的方方面面，通常按照 OSI 模型可以清晰地描述相关网络问题，有效地以一种结构化的方式排除故障。在 OSI 模型 7 层结构中，各层的关注点各不相同，物理层负责通过某种介质提供到另一设备的物理连接及二进制比特流的传输；数据链路层负责提供介质访问、链路管理等；网络层负责寻址和路由选择；传输层负责建立主机端到端的连接；会话层负责建立、维护和管理会话；表示层负责处理数据格式、加密等；应用层负责提供应用程序间的通信。

无线网络各层中容易出现问题的一些关注点如下：

① 物理层：电源问题、接地问题、物理连接、天线安装、线缆质量、传输距离、干扰等。

② 数据链路层：SSID、开放 / 共享认证方式、WEP 加密、VLAN、Ad Hoc 模式等。

③ 网络层：默认网关、路由、IP 地址及子网掩码等。

（2）分块故障排除法

H3C 系列网络设备的配置文件提供了分块的组织结构，其中无线系列产品也是如此。例如，H3C 无线系列控制器的配置文件包含如下部分：VLAN、本地管理账号、无线服务模板、接口管理（VLAN 接口、无线接口）、IP 地址及路由等。这种模块化的配置管理方式本身就为故障定位提供了一个原始的框架，当出现某个故障现象时，可以把它归入上述的某一部分或几部分中，从而可以有效地缩小故障范围，提高问题定位效率。

（3）替换法

替换法是检查硬件是否存在问题最常用的方法。例如，当怀疑网线出现故障时，可使用一根确定是好的网线替换测试；当怀疑设备的某接口有问题时，更换其他接口进行连接。在现场定位条件有限的情况下，替换法可以简单方便地协助定位硬件问题。

6.4 项目规划设计 

项目拓扑

本项目主要基于项目 3 进行无线网络的维护与管理，其网络拓扑如图 6-22 所示。

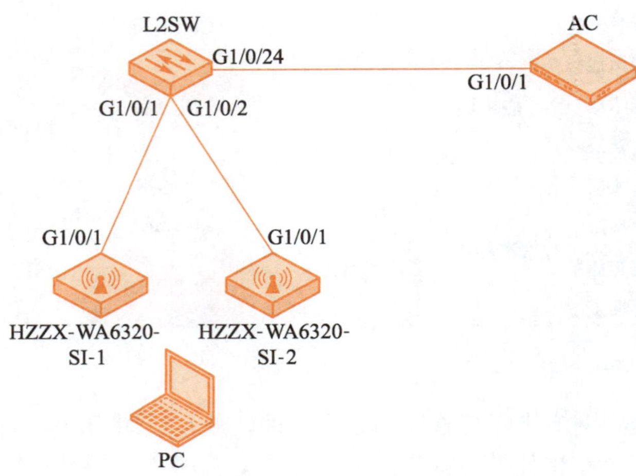

图 6-22　无线网络维护与管理的网络拓扑图

6.5　项目实践

任务 6-1　无线网络性能测试

1. 任务描述

完成网络的运行状态与信息收集。

2. 任务操作

① 在 AP1 上使用 ping AC IP 命令测试 AP 与 AC 之间的连通性，结果如下所示。

```
<AP1>ping 192.168.99.254
Ping 192.168.99.254 (192.168.99.254): 56 data bytes, press CTRL_C to break
56 bytes from 192.168.99.254: icmp_seq=0 ttl=255 time=0.726 ms
56 bytes from 192.168.99.254: icmp_seq=1 ttl=255 time=0.473 ms
56 bytes from 192.168.99.254: icmp_seq=2 ttl=255 time=0.458 ms
56 bytes from 192.168.99.254: icmp_seq=3 ttl=255 time=0.457 ms
56 bytes from 192.168.99.254: icmp_seq=4 ttl=255 time=0.442 ms

--- Ping statistics for 192.168.99.254 ---
5 packet(s) transmitted, 5 packet(s) received, 0.0% packet loss
round-trip min/avg/max/std-dev = 0.442/0.511/0.726/0.108 ms
<AP1>%Jun 21 16:27:40:734 2022 H3C PING/6/PING_STATISTICS: Ping statistics for 192.168.99.254: 5 packet(s)
transmitted, 5 packet(s) received, 0.0% packet loss, round-trip min/avg/max/std-dev = 0.442/0.511/0.726/0.108 ms.
```

② 在 AP1 上使用 tracert AC IP 命令探测 AP 到 AC 之间数据报文所经过的路径，结果如下所示。

```
<AP1>tracert 192.168.99.254
traceroute to 192.168.99.254 (192.168.99.254), 30 hops at most, 40 bytes each packet, press CTRL_C to break
        1  * * *
        2  * * *
        3  * * *
……
```

③ 在 AC 上使用 display version 命令查看设备硬件和软件的基本信息，结果如下所示。

```
[AC]display version
H3C Comware Software, Version 7.1.064, Release 5452P08
Copyright (c) 2004-2022 New H3C Technologies Co., Ltd. All rights reserved.
H3C WX3510H uptime is 0 weeks, 0 days, 0 hours, 21 minutes
Last reboot reason : Power on

Boot image: cfa0:/boot.bin
Boot image version: 7.1.064, Release 5452P08
  Compiled May 18 2022 16:00:00
System image: cfa0:/system.bin
System image version: 7.1.064, Release 5452P08
  Compiled May 18 2022 16:00:00

Slot 1
Uptime is 0 week, 0 day, 0 hour, 21 minutes
with 1 1000MHz Multi-core Processor
4064M bytes DDR3
16M bytes NorFlash Memory
4002M bytes CFCard Memory

Hardware Version is Ver.A
CPLD Version is 004
Basic Bootrom Version is 5.07
Extend Bootrom Version is 5.15
[Subslot 0]WX3510H Hardware Version is Ver.A
```

④ 在 AC 上使用 display wlan ap all verbose 命令查看所有 AP 的详细信息，结果如下所示。

```
[AC]display wlan ap all verbose
Total number of APs: 2
Total number of connected APs: 2
Total number of connected manual APs: 2
Total number of connected auto APs: 0
Total number of connected common APs: 2
Total number of connected WTUs: 0
Total number of inside APs: 0
Maximum supported APs: 256
Remaining APs: 254
Total AP licenses: 2
```

```
Local AP licenses: 2
Server AP licenses: 0
Remaining local AP licenses: 0
Sync AP licenses: 0

AP name                          : AP1
AP ID                            : 1
AP group name                    : default-group
State                            : Run
Backup type                      : Master
Online time                      : 0 days 0 hours 1 minutes 11 seconds
System uptime                    : 0 days 0 hours 2 minutes 14 seconds
Model                            : WA6320-SI
Region code                      : CN
Region code lock                 : Disabled
Serial ID                        : 219801A2N18219E00W15
MAC address                      : 38a9-1c4c-c7c0
IP address                       : 192.168.99.3
……
Radio 1:
    BSSID                        : 38a9-1c4c-c7c0
    State                        : Up
    Type                         : 802.11ax(5GHz)
……
```

⑤ 在 AC 上使用 display interface 命令查看所有接口的当前状态，结果如下所示。

```
[AC]display   interface
GigabitEthernet1/0/1
Current state: UP
Line protocol state: UP
IP packet frame type: Ethernet II, hardware address: 74d6-cb1b-ffb0
Description: GigabitEthernet1/0/1 Interface
Bandwidth: 1000000 kbps
Loopback is not set
Media type is twisted pair, promiscuous mode set
1000Mbps-speed mode, full-duplex mode
Link speed type is autonegotiation, link duplex type is autonegotiation
Flow-control is not enabled
Maximum frame length: 4000
Allow jumbo frames to pass
Broadcast max-ratio: 100%
Multicast max-ratio: 100%
Unicast max-ratio: 100%
PVID: 99
Port link-type: Trunk
 VLAN Passing:     1(default vlan), 10, 20, 30, 99-100
 VLAN permitted: 1(default vlan), 10, 20, 30, 99-100
```

```
 Trunk port encapsulation: IEEE 802.1q
Port priority: 0
Last link flapping: 0 hours 10 minutes 49 seconds
Last clearing of counters: Never
Current system time:2022-06-30 16:24:42
Last time when physical state changed to up:2022-06-30 16:13:54
Last time when physical state changed to down:2022-06-30 15:59:28
 Last 300 second input: 1 packets/sec 414 bytes/sec 0%
 Last 300 second output: 1 packets/sec 92 bytes/sec 0%
 Input (total):    94699 packets, 9034394 bytes
                94612 unicasts, 44 broadcasts, 43 multicasts, 0 pauses
 Input (normal):    94699 packets, 9034394 bytes
                94612 unicasts, 44 broadcasts, 43 multicasts, 0 pauses
 Input:    0 input errors, 0 runts, 0 giants, - throttles
                0 CRC, - frame, 0 overruns, 0 aborts
                - ignored, - parity errors
 Output (total): 94676 packets, 102622490 bytes
                94634 unicasts, 42 broadcasts, 0 multicasts, 0 pauses
 Output (normal): 94676 packets, 102622490 bytes
                94634 unicasts, 42 broadcasts, 0 multicasts, 0 pauses
 Output: 0 output errors, 0 underruns, - buffer failures
                - aborts, 0 deferred, 0 collisions, 0 late collisions
                - lost carrier, - no carrier
……
```

⑥ 在 AC 上使用 display diagnostic-information 命令查看设备的诊断信息，结果如下所示。

```
[AC]display diagnostic-information
Save or display diagnostic information (Y=save, N=display)? [Y/N]:n
=================================================================
   ===============display clock================
16:25:32 UTC Thu 06/30/2022
====================================================================
   ===============display version================
H3C Comware Software, Version 7.1.064, Release 5452P08
Copyright (c) 2004-2022 New H3C Technologies Co., Ltd. All rights reserved.
H3C WX3510H uptime is 0 weeks, 0 days, 0 hours, 26 minutes
Last reboot reason : Power on

Boot image: cfa0:/boot.bin
Boot image version: 7.1.064, Release 5452P08
   Compiled May 18 2022 16:00:00
System image: cfa0:/system.bin
System image version: 7.1.064, Release 5452P08
   Compiled May 18 2022 16:00:00
```

```
Slot 1
Uptime is 0 week, 0 day, 0 hour, 26 minutes
with 1 1000MHz Multi-core Processor
4064M bytes DDR3
16M bytes NorFlash Memory
4002M bytes CFCard Memory

Hardware Version is Ver.A
CPLD Version is 004
Basic Bootrom Version is 5.07
Extend Bootrom Version is 5.15
[Subslot 0]WX3510H Hardware Version is Ver.A

   ===============display system internal version===============
H3C WX3510H V500R001B64D029SP5208
Comware V700R001B64D029SP5208
==================================================
   ===============display device verbose===============
Slot No.   Subslot No. Board Type          Status      Max Ports
1             0              WX3510H              Normal         16

Slot 1
Status: Normal
Type: WX3510H
Hardware: A
Driver: 5.15
CPLD: 004

=================================================================
   ===============display device manuinfo===============
 Slot 1 CPU 0:
DEVICE_NAME:WX3510H
DEVICE_SERIAL_NUMBER:210235A1JNB20B000152
MAC_ADDRESS:74D6-CB1B-FFB0
MANUFACTURING_DATE:2020-11-16
VENDOR_NAME:H3C

=================================================================
   ===============display device cf-card===============
CF Card#1 Information in slot 1:
```

```
Status: Normal
Size  : 4002MB
……
```

任务 6-2 无线网络故障处理

1. 任务描述

掌握无线产品常见问题的处理方法。

2. 任务操作

（1）安装不规范问题

安装不规范问题属于构建网络硬件体系不合要求的问题，可依据规范要求检查工程实施的各个环节，保证无线网络部署的规范性。

例如，进行 AP 外接天线架设时，两个 AP 所接天线之间的距离须按照规范相隔一定间距，否则会造成信号接收饱和，干扰严重，影响使用。图 6-23 中的两个天线应该隔开一定距离进行安装。

图 6-23 室外 AP 天线抱杆安装不规范效果图

安装不规范问题一般是造成无线网络使用效果较差的潜在问题，例如图 6-23 中显示的两个 AP 所接天线之间的距离明显太小，没有按照安装工程实施规范隔开一定的间隔，这样势必会使两个 AP 之间的信号产生干扰，影响客户使用的效果。而这种隐患是可以通过网络部署完成前的规范性操作来避免的。因此，在工程实施过程中，一定要严格按照安装规范性要求来实施。同时，对于无线网络在使用过程所暴露出的问题，也应考虑是否是因为工程安装不规范所造成，及时地进行规范性检查并整改。一般检查的内容包括：PoE 供电线规格和长度是否符合要求，天线安装是否符合工程要求，接地是否可靠等；依照设备安装指导书，按照其中要求进行相关设备制作和安装（如馈线制作、天线角度调整、天馈防雷等）的规范性检查等。

（2）信号干扰问题

信号干扰问题通常会造成无线网络使用不稳定，可通过调整 AP 部署位置以及工作信道予以避免。例如，无线环境中存在同频段的其他无线设备，如图 6-24 中的微波炉（Microwave oven）造成信号干扰，影响无线客户端（Station）使用网络的效果。

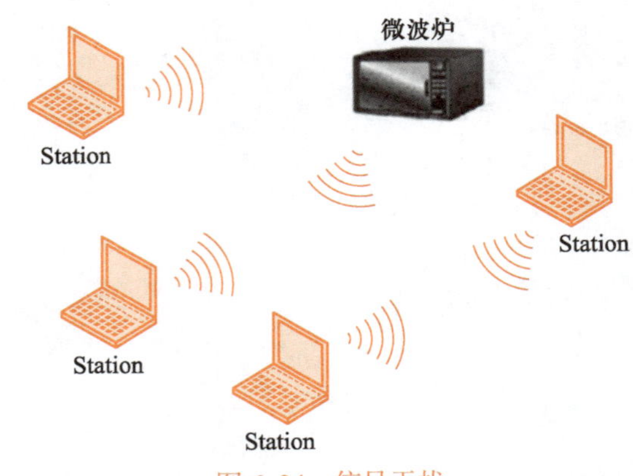

图 6-24 信号干扰

信号干扰通常会造成无线网络使用不稳定、链路带宽下降等问题，而造成信号干扰的原因一般都是信道规划不够合理或者覆盖区域的无线环境比较复杂。例如，在无线环境中有同频段的其他干扰源（如无绳电话、微波炉等）造成无线信号的同频干扰，从而影响无线客户端的使用效果。通过调整 AP 部署位置以及工作信道是避免干扰的有效方法。对于信号干扰问题，一般可按照以下方法进行排查：

① 检查 AP 信道设置，结合 AP 安装位置，根据蜂窝式覆盖原则统一进行信道规划。

② 通过信号检测终端或者软件，查看无线环境状况，根据信号分布情况，有针对性地调整设备功率，将无线系统内部干扰降到最低程度。

③ 如果发现区域内有其他干扰源（如微波炉），则需要调整 AP 工作信道、工作频段，改变部署位置或周围环境以避免干扰。

（3）信号弱问题

信号弱问题属于信号覆盖不全面性质的问题，可调整网络部署予以解决。例如，使用 Network Stumbler 软件测试发现某 AP 的信号强度（Signal）为 -84 dBm，明显太弱，连接状态显示为断开状态的黄色（见图 6-25），这时需想办法提高信号强度。

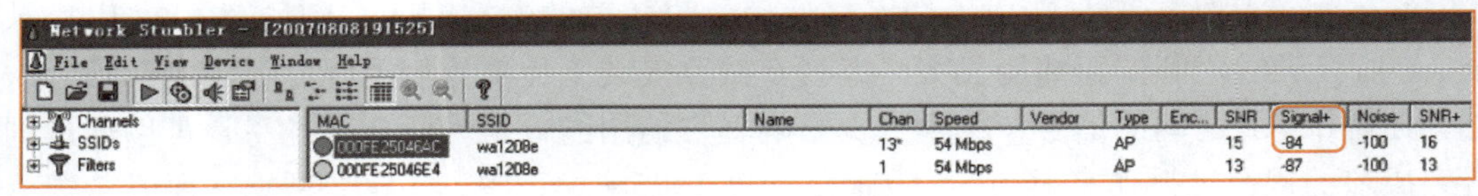

图 6-25 无线信号弱

信号弱问题一般是因无线网络勘测与设计不当所造成，由于部署覆盖方案不够全面，使得局部区域没有信号或者信号强度不满足要求，无法保证网络的正常使用。对于信号强度的检测可借助相关软件（如 Network Stumbler）。为保证无线网络的使用效果，目标区域信号强度至少应保证在 -75 dBm 以上，如图 6-25 中显示的某 AP 在目标区域的信号强度为 -84 dBm，信号明显太弱，无法满足业务需求。对于信号强度较弱问题，一般可按照以下方法进行排查和处理：

① 检查线路和设备是否工作正常，排除因设备、线路等因素而造成的信号弱问题。

② 在现有条件允许的情况下，增加 AP 或天线来解决局部信号弱或无信号的问题。

③ 在充分了解客户需求及现场环境的基础上，并在现场条件允许的情况下，改变原有的 AP 部署方案，重新规划 AP 的安装位置及安装方式。

（4）无线客户端无法搜索到信号

无线客户端无法搜索到信号的原因可能有很多，但首先可以从以下几个方面进行排查：

- 设备配置是否正确。
- 设备的硬件连接是否正确、可靠。
- 客户端硬件开关是否打开，是否处于启用状态。
- 设备工作模式与终端工作模式是否兼容。
- 终端用户数是否达到 AP 接入上限。
- 可通过相关命令确定设备工作状态正常。例如：

```
[H3C-probe]display ar5drv [1|2] statistics
```

对于无线客户端无法搜索到信号的问题，一般可以从以下几个主要方面来查找问题的原因：

① 对照配置手册，确定设备的配置是否正确，例如设备的无线服务模板（service-template）、射频模块（radio）是否还处于 disable 状态，从而导致 AP 其实没有进入工作状态。

② 检查设备的硬件连接是否正确、可靠，排除因为设备硬件连接错误（如射频接口连接不紧、天线与 AP 接口对应关系不正确等）而导致信号太弱，使得客户端无法搜索到信号的情况。

③ 检查无线客户端的硬件开关是否打开，无线网卡是否启用，保证无线客户端处于正常工作状态。

④ 检查设备工作模式与无线终端的工作模式是否兼容。如果 AP 工作在 802.11a 模式下，需检查无线终端设备是否能够支持 802.11a 模式，还是仅支持 802.11b/g 模式。

⑤ 在确定设备配置正确的情况下，可通过相关调试命令确定 AP 是否正常工作，例如在设备隐含模式下，通过 display ar5drv 1 statistics 命令可查看 AP 是否发送 Beacon 帧，具体信息如下。如果通过此命令连续查看，发现 BeaconIntCnt 值增大，则说明 AP 设备在正常发送 Beacon 帧。

```
[H3C-probe]display ar5drv 1 statistics
...
Beacon statistics
BeaconIntCnt          : 6309
BeaconBusyCnt         : 0
BeaconErrCnt          : 0...
```

另外，在定位无线客户端无法搜索到信号的问题时，也有可能是由于个别终端自身的原因所造成，此时可用替换法，使用其他终端进行测试以快速有效地排除问题。

（5）无线客户端网速慢或丢包严重

对于无线客户端网速慢或丢包严重之类的性能相关问题，首先要定位是有线侧还是无线侧的问题，再进一步进行无线侧问题的相关定位，其处理流程如图 6-26 所示。

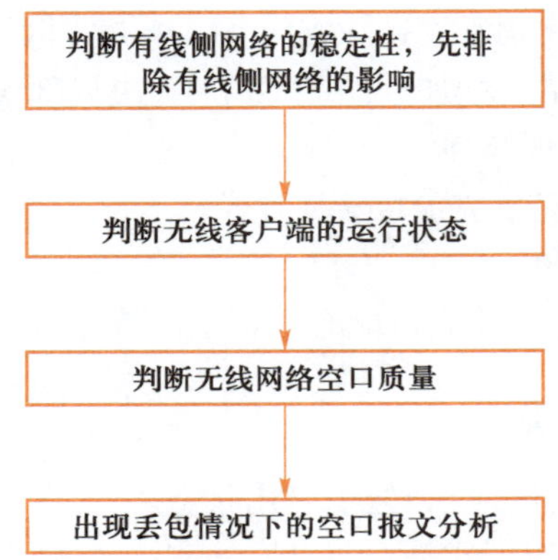

图 6-26　无线客户端网速慢或丢包严重问题处理流程

无线客户端网速慢或丢包严重之类的性能相关问题，是无线网络使用过程中的常见问题，对于此类问题可以按照以下步骤进行排查。

① 判断有线侧网络的稳定性，以确定是否是有线侧网络的问题，排除有线侧网络的影响。例如，可以通过 Fit AP 与 AC 之间互 ping、Fat AP 与上层设备之间互 ping、AC 与上层设备之间互 ping 初步判断有线网络侧是否正常。

② 判断无线客户端的运行状态。可以通过 display wlan client verbose 命令分析客户端信息，通过 display wlan client roam-track 命令判断客户端的漫游情况。根据以上信息可以初步判断以下问题：

- 如无线用户的信号强度 RSSI 偏低（低于 -20 dBm），需要分析该用户状态以及对整个网络的影响，尽量提高无线用户的信号强度。
- 如无线用户的协商速率 Rx 和 Tx 偏低，说明空口环境较差，甚至丢包比较多，需要进一步对空口环境质量进行分析。
- 如无线用户漫游比较频繁（在各个 AP 上持续的时间都比较短），可以适当调整这台客户端连接的 AP 发射功率，以减少用户的漫游次数，或者提高 AP 漫游的阈值。

③ 判断无线网络空口质量。可以使用 Network Stumbler 和 AirMagnet 对空口周围的环境进行相应的分析。AirMagnet 能对空口进行扫描，可以统计信道的占用率和吞吐量，查看信道中 AP 和 Station 的数量，以及空口报文的速率组成和占用比例，可以直观清晰地判断无线空口质量。若无线空口质量差，可进一步分析具体原因（如信道占用情况、网络流量），采取相应措施，如适当进行流量控制或者对无线用户进行限速。

④ 通过以上方法还不能定位问题的情况下，则需要进行空口报文分析。需要借助相关抓包软件获取报文的交互过程，获取信息后再进一步进行分析定位。

（6）Fit AP 注册不上问题

在无线控制器 +Fit AP 的应用中，Fit AP 不能成功注册是常见问题之一。针对此类问题，首先应按照 Fit AP 在不同组网方式下的注册流程逐步进行排查，以判断问题是否出现在与其他设备的配合上，如 DHCP 不能正确下发地址、Fit AP 与 AC 之间的路由不可达等。在确定组网与配置无误的情况下，可使用相关 debugging 命令收集信息协助定位。常用的相关 debugging 命令如下：

```
<H3C>debugging wlan capwap event
<H3C>debugging wlan capwap error
<H3C>debugging wlan capwap packet control receive
<H3C>debugging wlan capwap packet control send
```

6.6 项目习题

选择题

1．以下属于是获取无线覆盖建筑平面图的途径的有（　　）。（多选）

A．向基建等部门获取电子建筑平面图（一般为 VSD 或 CAD 格式）

B．向信息化等部门获取图片格式的建筑平面图

C．向档案中心等部门获取纸质建筑平面图纸

D．找到楼层消防疏散图

2．确定覆盖区域时，覆盖区域一般分为（　　）。（多选）

A．主要覆盖目标　　B．次要覆盖目标

C．特殊覆盖目标　　D．无须覆盖目标

3．重点区域的信号覆盖强度要求是（　　）。

A．−40 ～ −65 dBm　　B．−50 ～ −75 dBm

C．−40 ～ −75 dBm　　D．−40 ～ −80 dBm

项目 7 新华三医院住院部无线网络的优化

7.1 项目背景 

原新华三医院住院部的无线网络采用一台 AC 对整网的 AP 进行控制。但随着公司业务的发展壮大，无线网络已承载公司部分生产业务，因此，为保证生产业务的稳定运行，公司对如何提高无线网络的可靠性十分关注，为此邀请新华三的技术工程师针对当前无线网络的可靠性进行优化。工程师指出，为了避免生产业务因 AC 宕机而无法工作的情况发生，需再新增一台 AC 来进行热备部署，当一台 AC 出现故障时，网络中的 AP 便立刻与另外一台 AC 隧道进行业务数据转发，从而避免出现单点故障。为了保证不影响业务，切换时间应在毫秒级，双 AC 需采用热备负载模式。

另外，有员工反馈会议室的无线网络体验效果较差。工程师通过检查会议室各 AP 运行状态，发现各 AP 关联的用户数并不均匀，个别 AP 关联用户数较高，而其余的 AP 却很少有用户关联。过多用户关联必然导致 AP 吞吐成为瓶颈，导致用户体验较差。为此，工程师在对 AC 进行热备优化的同时，还会对会议室 AP 进行负载均衡的配置优化，最大限度保证每台 AP 接入用户数均匀，在发挥每台 AP 性能的同时，提高 AP 的使用率。

7.2 需求分析 

本次项目改造具体分为以下几个部分：

① 为了规避单点故障风险，网络中需增加一台 AC 进行热备。

② 对于单 AC 故障情况，为确保用户体验达到无缝切换，需采用 AC 热备技术。热备模式下，单 AP 保持与双 AC 均建立隧道；集群模式下，AP 只与当前活动 AC 建立隧道，而当 AP

检测发现活动 AC 宕机时，AP 才与备用 AC 建立隧道连接。

③ 各 AP 关联用户数均衡分布，可以考虑启用 AP 负载均衡组来实现。

7.3 项目相关知识

1. 无线网络质量评估

整理测试数据及各种状况表现，围绕信号、数据及功能三个方向的优化目标进行聚焦分析，并以此目标来设计和组织相关的软调优化手段。通过各种软硬件工具采集的数据，属于客观类信息，同时不能忽略主观类信息的收集，如现场进行交流获取的信息和现场勘察得到的情况，这些信息同样可以影响优化方案的方向。

2. 无线网络信号覆盖

在评估无线网络信号覆盖中，可以从信号强度、信道效能和速率优化等手段进行无线网络优化。

信号强度是无线应用指标的首要参数，相应地，在优化手段遴选次序上应该最优先考虑信号强度类优化手段。信号强度需要满足一定值才能保证覆盖的有效性，如考虑终端类型的多样性，建议很多场景信号强度在 -65 dBm 以上。从空间整体角度来审视，信号强度并不是越高越好，强度越高则越容易造成信号无序泄露和串扰，造成空口干扰程度恶化。信号强度对于目标区域内的用户终端足够即可。

针对信号强度进行盈余评估，强度高了可考虑往下调，低了可考虑往上调；可以针对与弱信号强度相关的终端、报文进行控制，降低弱信号强度带来的负面影响。在软调上，可以进行信号功率的调整，实现信号强弱适中；可以禁止弱信号终端的接入，优化终端组成状况，提升整体终端体验；通过设置的信道重用能力级别，对 AP 接收报文的信号强度和发送报文时的信道空闲检测进行判断，最终忽略信号强度低于信道重用能力级别的所有报文的影响，确保 AP 能够有更多机会获得射频资源，提高 AP 的发送能力。

信道效能的优化提升除了信道规划和频率设计外，还能够在提高信道抗干扰性能、提升信道运行稳定性以及提高信道并行能力上进行精细化改善。终端和 AP 通过无线这种介质进行通信，但每个终端和 Radio（射频卡）都是基于一个信道（一段频谱）进行通信的，即无线空口存在着众多的信道，这些信道不重叠独立存在的个数以及信道的利用效率决定了整个空口的“通行能力”，所以优化方向即创建更多独立的信道以及优化信道的传输性能。

为避免信道重叠，在信道选择上就要基于平面和立体进行信道的调整，实现增加独立信道数量。除增加可用信道数外，还可以采用 5 GHz 频段，即开启双频。为了提高信道利用率，可以采用频谱导航，引导支持双频的终端接入 5 GHz 频段。

无线作为一种传输介质，其与网线、光纤及电线等介质在本质上是一致的，而不管采用什么介质传输数据，速率表现是选择的很重要一项内容。无线网络选择的无线频段及对应的整套调制和传输技术，决定了无线网络的速率体系，从 802.11b 到当前的 802.11ax，速率由几兆比特每秒发展到几吉比特每秒，极大地改善了用户连接网络的体验。

速率越高，意味着单位时间内发送端可以发送的信息量越多，也就是说用户的访问速率体验越快。基于提高用户的速率考虑，可以改善用户的访问体验，首先可以考虑采用最优化的速率算法，即空口速率优化算法。这既考虑了当前的信号状况又兼顾了历史发送状况，更重要的是增加了对于当前信道状况的评估结论，更为合理。

基于优化整个网络速率组成品质，提升高速率占比，在信号足够良好的前提下，可以采用关闭低速率的优化手段，实现速率优化。优化速率也可以基于处理资源进行倾斜，对于低速率终端分配更少机会，让出更多资源给高速率终端，提升整体性能，即可以采用基于客户端链路状况的流量整形手段实现。

3. AC 热备

新华三 AC 的热备份功能，是在 AC 发生不可达（故障）时，为 AC 与 AP 之间提供毫秒级的 CAPWAP 隧道切换能力，确保已关联用户业务最大限度上不间断。

AC 热备分为两种模式：A/S 模式和 A/A 模式。

（1）A/S 模式

A/S 模式下，一台 AC 处于 active（激活）状态，为主设备；另一台 AC 处于 standby（待机）状态，为备份设备。主设备处理所有业务，并将业务状态信息传送到备份设备进行备份；备份设备不处理业务，只备份业务。所有 AP 与主设备建立主 CAPWAP 隧道，与备份设备建立备份 CAPWAP 隧道。两台 AC 都正常工作时，所有业务由主设备处理；主设备故障后，所有业务会切换到备份设备上进行处理。

（2）A/A 模式

A/A 模式下，两台 AC 均作为主设备处理业务流量，同时又作为另一台设备的备份设备，备份对端的业务状态信息。假定两台 AC 分别为 AC1 和 AC2，那么 A/A 模式下，存在部分 AP 与 AC1 建立主 CAPWAP 隧道，与 AC2 建立备份 CAPWAP 隧道；同时，另一部分 AP 与 AC2 建立主 CAPWAP 隧道，与 AC1 建立备份 CAPWAP 隧道。两台 AC 都正常工作时，两台 AC 分别负责与其建立主 CAPWAP 隧道的 AP 的业务处理；其中一台 AC（假定为 AC1）出现故障后，与 AC1 建立主 CAPWAP 隧道的 AP 将业务切换到备份 CAPWAP 隧道，之后 AC2 负责处理所有 AP 的业务。

4. 负载均衡

负载均衡分为基于用户数的负载均衡和基于流量的负载均衡，常用的是基于用户数的负载均衡。在无线网络中，如果有多台 AP，并且信号相互覆盖，由于无线用户接入是随机的，因此，可能会出现某台 AP 负载较重、网络利用率较差的情况。将同一区域的 AP 都划分到同一个负载均衡组，协同控制无线用户的接入，可以起到负载均衡的作用。

适用场景：同一个区域有多个属于同一组的 AP 发出同一个无线信号时，可以采用该方案，从而避免无线客户端都接入同一台或某几台 AP，导致某些 AP 负载较重、网络利用率较差的情况。

5. 无线漫游

漫游是 WLAN 技术的一个重要应用。通过漫游技术，可以真正实现无线终端移动办公，特别是快速漫游技术，使用户可以在不同的地点快速、安全地接入 WLAN 网络。漫游切换对用户上网体验无影响。

（1）普通漫游

终端根据自己算法进行漫游，当检测到其他相同 SSID 的信号强度高于某个阈值，终端进行切换，漫游过程需要再次认证，如图 7-1 所示，发生关联 / 重关联，进行上线，这个过程可能会造成转发的中断，出现丢包现象。

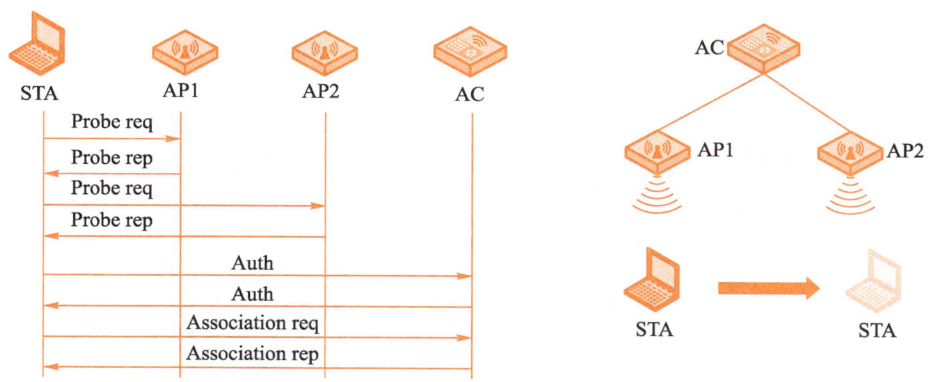

图 7-1 普通漫游再次认证过程

医疗无线场景由于其自身业务特点和使用的软件及终端的特殊性，对无线漫游的要求极高。面对这种特殊的使用场景，新华三推出了零漫游技术方案。凭借其高带宽、低延时、快速漫游的技术特点，可满足医疗场景的需求。

（2）零漫游

零漫游技术是设备厂商为了应对医疗等对终端漫游效果要求极高场景，实现高带宽、低延时、快速漫游特点的漫游技术。其最大的特点就是可以做到“无缝漫游”，让用户完全感知不到漫游过程，如图 7-2 所示。

在 AP 之间进行切换时，其对应的 BSSID 保持不变，漫游过程是 AC 实现切换的，即从客户端角度来看，其上线的 BSSID 一直没有变换过，没有重新上线流程，理论上无通信中断。

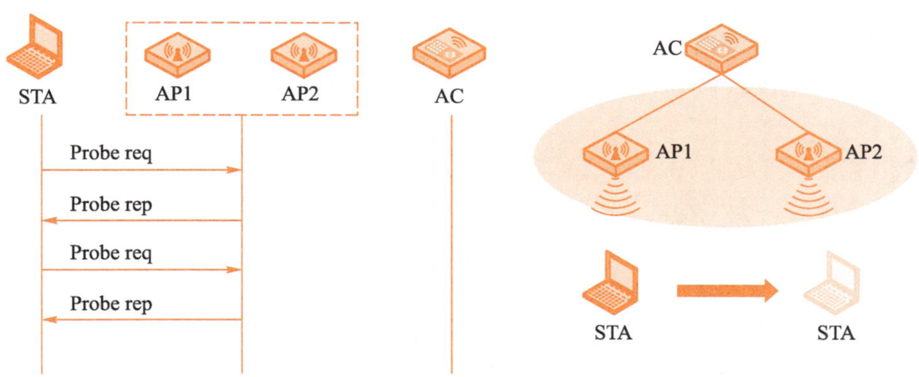

图 7-2 零漫游切换过程

（3）普通漫游和零漫游对比

零漫游保证了终端的虚拟 BSSID 不变，终端并不存在上下线的情况，因此可以保证终端不解关联，如图 7-3 所示。

普通漫游终端使用的是 BSSID，而不同 AP 的 BSSID 不同，因此每次漫游都会发生一次关联过程，如图 7-4 所示。

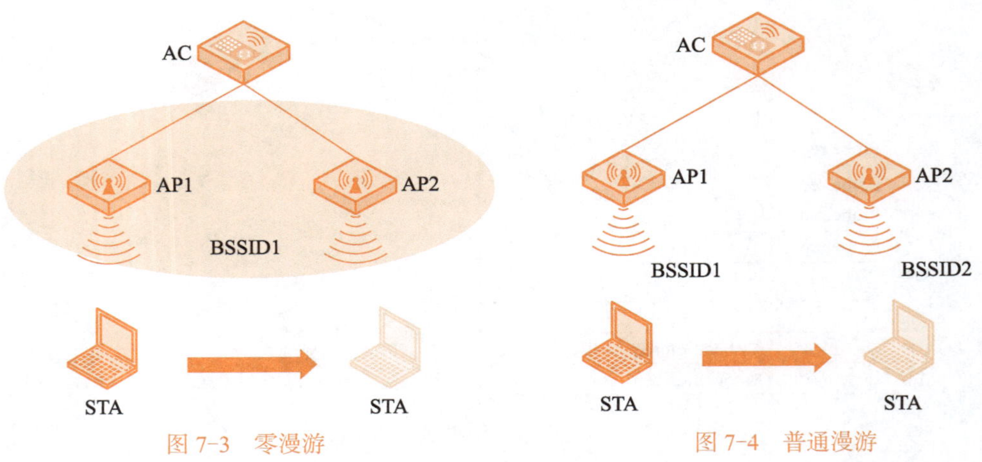

图 7-3 零漫游　　图 7-4 普通漫游

（4）802.11v 协议

随着无线用户对于 WLAN 网络的业务体验要求越来越高，让无线客户端自主接入更合适的 AP 就显得越发重要。802.11v 提出的绿色节能、负载均衡和 BSS 切换管理等功能，不仅可以让无线客户端迁移到更合适的 AP 上，而且可以延长无线客户端的电池寿命，提升了无线用户的业务体验。

1）BSS 切换管理

BTM（BSS Transition Management，BSS 切换管理）功能用来通知 802.11v 无线客户端离开当前 BSS，接入更合适的 AP，从而提高 802.11v 无线客户端的接入质量。

2）BSS 切换管理工作机制

BSS 切换管理的基本流程是：AP 向 802.11v 无线客户端发送 BSS 切换请求，提供建议切换的 BSS 列表，分为主动请求和被动请求两种情况。

- 主动请求：AP 检测到 802.11v 无线客户端的 RSSI 低于门限值时，主动发送 BSS 切换请求。
- 被动请求：当发生 802.11v 无线客户端 RSSI 值过低或 802.11v 无线客户端找到一个更合适的 AP 等情况时，会主动向 AP 发送 BSS 切换查询，请求连接到其他 BSS 上。AP 接收到客户端的 BSS 切换查询后，会向其发送 BSS 切换请求。

802.11v 无线客户端接收到 BSS 切换请求后，有可能向 AP 发送切换响应，通知 AP BSS 切换的结果。经过一段时间，若无线客户端还未离开当前 BSS，AP 会主动向无线客户端发送解除关联请求，强制无线客户端下线，如图 7-5 所示。

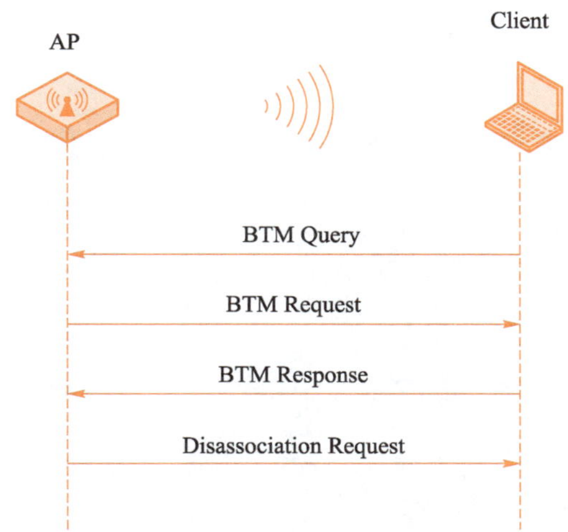

图 7-5 BSS 切换管理

（5）零漫游部署

① 医院走廊部署要求。为了保证终端的零漫游效果，建议在两个病房门口之间放置一个AP，且 AP 需要吸顶安装。注意要放置在图中的 1 位置处而不要放置在 2 位置处，尽量避免走廊 AP 与室内 AP 互相干扰。走廊部署 AP 的间距为 8 ～ 10 m，如图 7-6 所示。

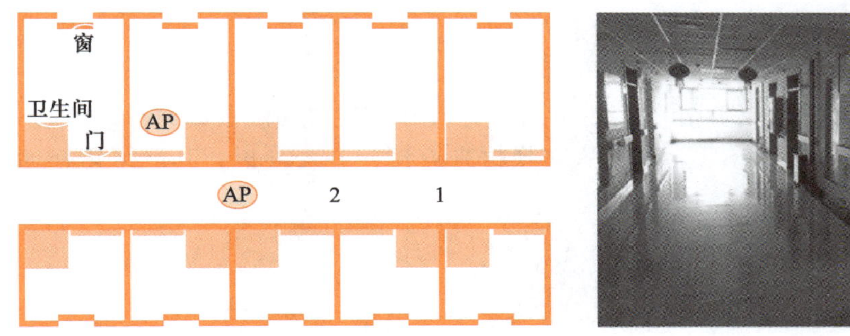

图 7-6 医院走廊部署

② 病房内部署要求。部署时一般情况下一个病房部署一个终结者分体，建议吸顶安装，且安装在厕所与最外侧病床位置的交界处，如图 7-7 所示。

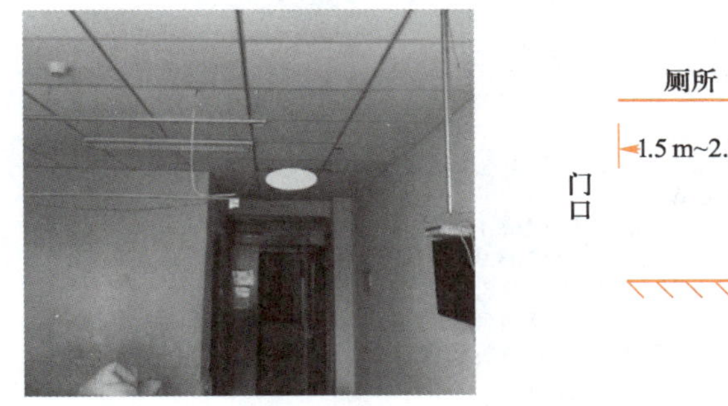

图 7-7 病房内部署

③ AP 部署要求。一般建议 H3C 的标志与走廊长边平行，且不管是走廊内还是病房内部署都建议吸顶安装，如图 7-8 所示。

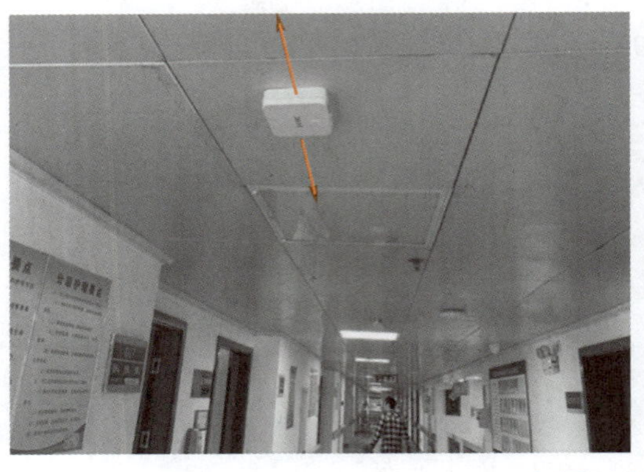

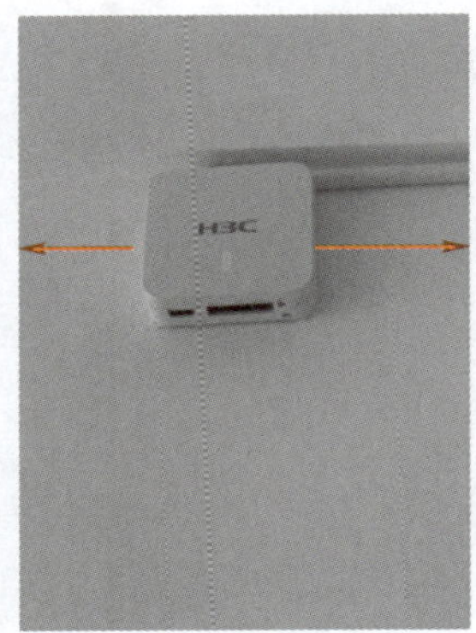

图 7-8 AP 部署要求

7.4 项目规划设计 

1. 项目拓扑

公司使用两台 AC 来建立高可用的无线网络，两台 AC 均连接到核心交换机 L3SW，公司的各台 AP 连接到接入交换机 L2SW，由接入交换机来连接核心交换机，其网络拓扑如图 7-9 所示。

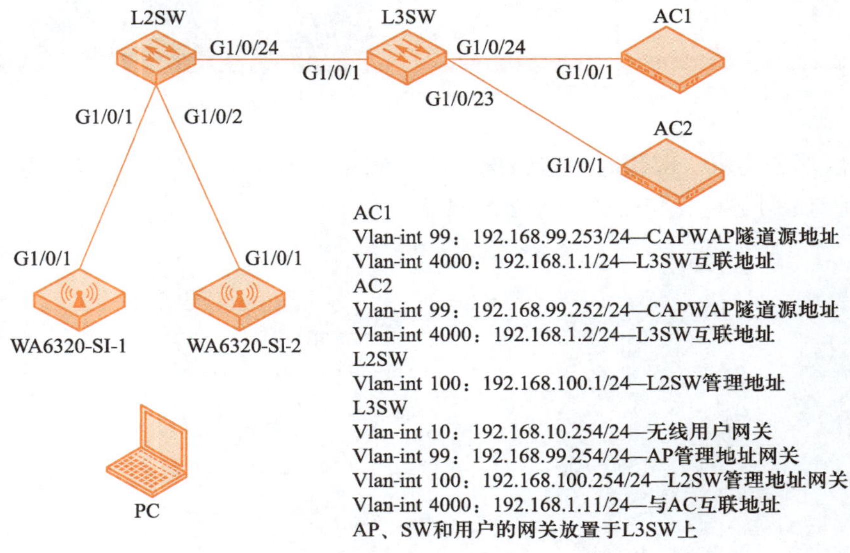

图 7-9 高可用无线网络部署的网络拓扑图

2. 项目规划

根据图 7-1 所示拓扑图进行项目的业务规划，项目 7 的 VLAN 规划、设备管理规划、端口互联规划、IP 地址规划、service-template 规划、AP 规划、license 共享规划、负载均衡组规划见表 7-1 ～表 7-8。

表 7-1　VLAN 规划

VLAN-ID	VLAN 命名	网段	用途
VLAN 10	User-Wifi	192.168.10.0/24	无线用户网段
VLAN 99	AP-Guanli	192.168.99.0/24	AP 管理网段
VLAN 100	SW-Guanli	192.168.100.0/24	交换机管理网段
VLAN 4000	Link--AC-vlan 4000--	192.168.1.0/24	核心交换机与 AC 互联网段

表 7-2　设备管理规划

设备类型	型号	设备命名	用户名	密码
无线接入点	WA6320-SI	WA6320-SI-1	N/A	N/A
		WA6320-SI-2	N/A	N/A
无线控制器	WX2540H	AC1	h3cu	H3cu@123456
	WX2540H	AC2	h3cu	H3cu@123456
接入交换机	S3600	L2SW	h3cu	H3cu@123456
核心交换机	S5800	L3SW	h3cu	H3cu@123456

表 7-3　端口互联规划

本端设备	本端端口	端口配置	对端设备	对端端口
WA6320-SI-1	G1/0/1	N/A	L2SW	G1/0/1
WA6320-SI-2	G1/0/1	N/A	L2SW	G1/0/2
L2SW	G1/0/1	Trunk	WA6320-SI-1	G1/0/1
L2SW	G1/0/2	Trunk	WA6320-SI-2	G1/0/1
L2SW	G1/0/24	Trunk	L3SW	G1/0/1
L3SW	G1/0/1	Trunk	L2SW	G1/0/24
L3SW	G1/0/24	Trunk	AC1	G1/0/1
L3SW	G1/0/23	Trunk	AC2	G1/0/1
AC1	G1/0/1	Trunk	L3SW	G1/0/24
AC2	G1/0/1	Trunk	L3SW	G1/0/23

表 7-4 IP 规划

设备	接口	IP 地址	用途
AC1	Vlan-int 99	192.168.99.253/24	CAPWAP 隧道源地址
	Vlan-int 4000	192.168.1.1/24	与 L3SW 互联地址
AC2	Vlan-int 99	192.168.99.252/24	CAPWAP 隧道源地址
	Vlan-int 4000	192.168.1.2/24	与 L3SW 互联地址
L3SW	Vlan-int 10	192.168.10.1 ～ 192.168.10.253	DHCP 分配
		192.168.10.254/24	无线用户网关
	Vlan-int 99	192.168.99.1 ～ 192.168.99.253	DHCP 分配
		192.168.99.254/24	AP 管理地址网关
	Vlan-int 100	192.168.100.254/24	L2SW 管理地址网关
	Vlan-int 4000	192.168.1.11/24	与 AC 互联地址
L2SW	Vlan-int 100	192.168.100.1/24	L2SW 管理地址
WA6320-SI-1	Vlan-int 99	DHCP	AP 管理地址
WA6320-SI-2	Vlan-int 99	DHCP	AP 管理地址

表 7-5 service-template 规划

service-template	VLAN	SSID	加密方式	是否广播
1F-vap	10	H3CU	否（默认）	是（默认）

表 7-6 AP 规划

设备名称	AP 名称	service-template	备用 AC 地址	是否开启 CAPWAP 抢占功能	信道绑定	功率
AC1	WA6320-SI-1	1F-vap	192.168.1.2	是	Radio 1	100%
	WA6320-SI-2	1F-vap	192.168.1.2	是	Radio 1	100%
AC2	WA6320-SI-1	1F-vap	192.168.1.1	是	Radio 1	100%
	WA6320-SI-2	1F-vap	192.168.1.1	是	Radio 1	100%

表 7-7 license 共享规划

设备名称	本地 IP 地址	成员 IP 地址	是否开启 license 共享
AC1	192.168.1.1	192.168.1.2	是
AC2	192.168.1.2	192.168.1.1	是

表 7–8 负载均衡组规划

设备名称	负载均衡组	会话门限值	会话差值门限值	最大关联请求次数	组员
AC1	1	2	1	5	WA6320-SI-1；Radio 1
					WA6320-SI-2；Radio 1
AC2	1	2	1	5	WA6320-SI-1；Radio 1
					WA6320-SI-2；Radio 1

7.5 项目实践

微课 7-1 高可用接入交换机的配置

任务 7-1 高可用接入交换机的配置

1. 任务描述

高可用接入交换机的配置包括远程管理配置、VLAN 和 IP 地址配置、端口配置和路由配置。

2. 任务操作

① 远程管理配置。配置远程登录和管理密码。

```
<H3C>system-view                                   // 进入系统视图
[H3C]sysname L2SW                                  // 配置设备名称
[L2SW]user-interface vty 0 4                       // 进入虚拟链路
[L2SW-ui-vty0-4]protocol inbound telnet            // 配置协议为 TELNET
[L2SW-ui-vty0-4]authentication-mode scheme         // 配置认证模式为 AAA
[L2SW-ui-vty0-4]quit                               // 退出
[L2SW]local-user h3cu                              // 创建 h3cu 用户
[L2SW-luser-h3cu]password simple H3cu@123456       // 配置密码 H3cu@123456

[L2SW-luser-h3cu]service-type telnet               // 配置用户类型为 TELNET 用户
[L2SW-luser-h3cu]authorization-attribute   level 3 // 配置用户等级为 3
[L2SW-luser-h3cu]quit                              // 退出
```

② VLAN 和 IP 地址配置。创建各部门使用的 VLAN，配置设备的 IP 地址作为管理地址。

```
[L2SW]vlan 10                                      // 创建 VLAN 10
[L2SW-vlan10]name User-Wifi                        // VLAN 命名为 User-Wifi
[L2SW-vlan10]quit                                  // 退出
[L2SW]vlan 99                                      // 创建 VLAN 99
[L2SW-vlan99]name AP-Guanli                        // VLAN 命名为 AP-Guanli
```

```
[L2SW-vlan99]quit                                    //退出
[L2SW]vlan 100                                       //创建 VLAN 100
[L2SW-vlan100]name SW-Guanli                         //VLAN 命名为 SW-Guanli
[L2SW-vlan100]quit                                   //退出
[L2SW]interface Vlan-interface 100                   //进入 vlan-interface 100 接口
[L2SW-Vlan-interface100]ip address 192.168.100.1 24  //配置 IP 地址
[L2SW-Vlan-interface100]quit                         //退出
```

③ 端口配置。配置连接 AP 的端口为 Trunk 模式，修改默认 VLAN 为 AP 的 VLAN，并配置端口放行 VLAN 列表，允许用户和 AP 的 VLAN 通过；配置连接 L3SW 的接口为 Trunk 模式，配置接口放行 VLAN 列表，允许用户、AP 和设备管理的 VLAN 通过。

```
[L2SW]interface range GigabitEthernet 1/0/1 to GigabitEthernet 1/0/2// 进入 G1/0/1-2 端口视图
[L2SW-if-range]port link-type trunk                  // 配置端口链路模式为 Trunk
[L2SW-if-range]port trunk pvid vlan 99               // 配置端口默认 VLAN
[L2SW-if-range]port trunk permit vlan 99             // 配置端口放行 VLAN 列表
[L2SW-if-range]quit                                  //退出
[L2SW]interface GigabitEthernet 1/0/24               // 进入 G1/0/24 端口视图
[L2SW-GigabitEthernet1/0/24]port link-type trunk     // 配置端口链路模式为 Trunk
[L2SW-GigabitEthernet1/0/24]port trunk permit vlan 99 100        // 配置端口放行 VLAN 列表
[L2SW-GigabitEthernet1/0/24]quit                     //退出
```

④ 路由配置。配置默认路由，下一跳指向 L2SW 管理地址网关。

```
[L2SW]ip route-static 0.0.0.0 0 192.168.100.254 // 配置默认路由指向 L2SW 管理地址网关
```

3. 任务验证

① 在 L2SW 上使用 display interface brief 命令查看端口信息，如下所示。

```
[L2SW]display interface brief
The brief information of interface(s) under route mode:
Link: ADM - administratively down; Stby - standby
Protocol: (s) - spoofing
Interface            Link   Protocol    Main IP          Description
Vlan1                UP     UP          192.168.0.1
Vlan100              UP     UP          192.168.100.1
The brief information of interface(s) under bridge mode:
Link: ADM - administratively down; Stby - standby
Speed or Duplex: (a)/A - auto; H - half; F - full
Type: A - access; T - trunk; H - hybrid
Interface          Link     Speed        Duplex   Type    PVID    Description
GE1/0/1            UP        1G(a)        F(a)     T        1
GE1/0/2            UP        1G(a)        F(a)     T        1
GE 1/0/24          UP       1G(a)        F(a)      T        1
```

② 在 L2SW 上使用 display ip interface brief 命令查看 IP 地址信息，如下所示。

```
[L2SW]display ip interface brief
```

```
*down: administratively down
(s): spoofing   (l): loopback
Interface           Physical   Protocol   IP Address       Description
Vlan1                up         up         192.168.0.1      --
Vlan100              up         up         192.168.100.1    --
```

可以看到，Vlan-int 100 接口已经配置了 IP 地址。

任务 7-2 高可用核心交换机的配置

微课 7-2 高可用核心交换机的配置

1. 任务描述

高可用核心交换机的配置包括远程管理配置、VLAN 和 IP 地址配置、DHCP 配置、端口配置和路由配置。

2. 任务操作

① 远程管理配置。配置远程登录和管理密码。

```
<H3C>system-view                                    // 进入系统视图
[H3C]sysname L3SW                                   // 配置设备名称
[L3SW]user-interface vty 0 4                        // 进入虚拟链路
[L3SW-ui-vty0-4]protocol inbound telnet             // 配置协议为 TELNET
[L3SW-ui-vty0-4]authentication-mode scheme          // 配置认证模式为 AAA
[L3SW-ui-vty0-4]quit                                // 退出
[L3SW]local-user h3cu                               // 创建 h3cu 用户
[L3SW-luser-h3cu]password simple H3cu@123456        // 配置密码 H3cu@123456

[L3SW-luser-h3cu]service-type telnet                // 配置用户类型为 TELNET 用户
[L3SW-luser-h3cu]authorization-attribute  level 3   // 配置用户等级为 3
[L3SW-luser-h3cu]quit                               // 退出
```

② VLAN 和 IP 地址配置。创建各部门使用的 VLAN，配置设备的 IP 地址作为管理地址。

```
[L3SW]vlan 10                                       // 创建 VLAN 10
[L3SW-vlan10]name User-Wifi                         // VLAN 命名为 User-Wifi
[L3SW-vlan10]quit                                   // 退出
[L3SW]vlan 99                                       // 创建 VLAN 99
[L3SW-vlan99]name AP-Guanli                         // VLAN 命名为 AP-Guanli
[L3SW-vlan99]quit                                   // 退出
[L3SW]vlan 100                                      // 创建 VLAN 100
[L3SW-vlan100]name SW-Guanli                        // VLAN 命名为 SW-Guanli
[L3SW-vlan100]quit                                  // 退出
[L3SW]vlan 4000                                     // 创建 VLAN 4000
[L3SW-vlan4000]name Link--AC-vlan 4000--            // VLAN 命名为 Link--AC-vlan 4000--
[L3SW-vlan4000]quit                                 // 退出
```

```
[L3SW]interface Vlan-interface 10                    // 进入 Vlan-interface 10 接口
[L3SW-Vlan-interface10]ip address 192.168.10.254 24  // 配置 IP 地址
[L3SW-Vlan-interface10]quit                          // 退出
[L3SW]interface Vlan-interface 99                    // 进入 Vlan-interface 99 接口
[L3SW-Vlan-interface99]ip address 192.168.99.254 24  // 配置 IP 地址
[L3SW-Vlan-interface99]quit                          // 退出
[L3SW]interface Vlan-interface 100                   // 进入 Vlan-interface 100 接口
[L3SW-Vlan-interface100]ip address 192.168.100.254 24 // 配置 IP 地址
[L3SW-Vlan-interface100]quit                         // 退出
[L3SW]interface Vlan-interface 4000                  // 进入 Vlan-interface 4000 接口
[L3SW-Vlan-interface4000]ip address 192.168.1.11 24  // 配置 IP 地址
[L3SW-Vlan-interface 4000]quit                       // 退出
```

③ DHCP 配置。开启 DHCP 服务功能，创建 AP 和用户的 DHCP 地址池。

```
[L3SW]dhcp enable                                    // 开启 DHCP 功能
[L3SW]dhcp server ip-pool vlan99                     // 创建 Vlan-interface 99 的地址池
[L3SW-dhcp-pool-vlan99]network 192.168.99.0 24       // 配置分配的 IP 地址段
[L3SW-dhcp-pool-vlan99]gateway-list 192.168.99.254   // 配置分配的网关地址

[L3SW-dhcp-pool-vlan99]quit                          // 退出
[L3SW]dhcp server ip-pool vlan10                     // 创建 Vlan-interface 10 的地址池
[L3SW-dhcp-pool-vlan10]network 192.168.10.0 24       // 配置分配的 IP 地址段

[L3SW-dhcp-pool-vlan10]gateway-list 192.168.10.254   // 配置分配的网关地址

[L3SW-dhcp-pool-vlan10]quit                          // 退出
```

④ 端口配置。配置连接交换机和 AC 的端口为 Trunk 模式，并配置端口放行 VLAN 列表，与 L2SW 互联的端口允许用户、AP 和交换机的 VLAN 通过，与 AC 互联的端口允许交换机和 AP 的 VLAN 通过。

```
[L3SW]interface GigabitEthernet 1/0/1                // 进入 G1/0/1 端口视图
[L3SW-GigabitEthernet1/0/1]port link-type trunk      // 配置端口链路模式为 Trunk
[L3SW-GigabitEthernet1/0/1]port trunk permit vlan 99 100 // 配置端口放行 VLAN 列表
[L3SW-GigabitEthernet1/0/1]quit                      // 退出
[L3SW]interface range GigabitEthernet 1/0/23 to GigabitEthernet 1/0/24     // 进入 G1/0/23 和 G1/0/24 端口视图
[L3SW-if-range]port link-type trunk                  // 配置端口链路模式为 Trunk
[L3SW-if-range]port trunk permit vlan 10    4000 99  // 配置端口放行 VLAN 列表
[L3SW-if-range]quit                                  // 退出
```

⑤ 路由配置。配置默认路由。

```
[L3SW]ip route-static 0.0.0.0 0 192.168.1.1          // 配置默认路由
```

3. 任务验证

① 在 L3SW 上使用 display vlan brief 命令查看 VLAN 信息，如下所示。

```
[L3SW]display vlan brief
```

```
Brief information about all VLANs:
Supported Minimum VLAN ID: 1
Supported Maximum    VLAN ID: 4094
Default VLAN ID: 1
VLAN ID         Name                    Port
1               VLAN 0001               GE1/0/1   GE1/0/2   GE1/0/3   GE1/0/4
                                        GE1/0/5   GE1/0/6   GE1/0/7   GE1/0/8
                                        GE1/0/9   GE1/0/10   GE1/0/11
                                        GE1/0/12   GE1/0/13   GE1/0/14
                                        GE1/0/15   GE1/0/16   GE1/0/17
                                        GE1/0/18   GE1/0/19   GE1/0/20
                                        GE1/0/21   GE1/0/22   GE1/0/23
                                        GE1/0/24   XGE1/0/25   XGE1/0/26
                                        XGE1/0/27   XGE1/0/28
10              User-Wifi               GE1/0/23   GE1/0/24
99              AP-Guanli               GE1/0/1    GE1/0/23   GE1/0/24
100             SW-Guanli               GE1/0/1
4000            Link--AC-vlan 4000--    GE1/0/23   GE1/0/24
```

② 在 L3SW 上使用 display ip interface brief 命令查看 IP 信息，如下所示。

```
[L3SW]display ip interface brief
*down: administratively down
(s): spoofing   (l): loopback
Interface           Physical   Protocol   IP Address           Description
Vlan1                 up         up       192.168.0.1          --
Vlan10                up         up       192.168.10.254       --
Vlan99                up         up       192.168.99.254       --
Vlan100               up         up       192.168.100.254      --
Vlan4000              up         up       192.168.1.11         --
```

可以看到，4 个 Vlan-int 接口都已配置了 IP 地址。

③ 在 L3SW 上使用 display dhcp server ip-in-use all 命令查看 DHCP 地址下发信息，如下所示。

```
[L3SW]display dhcp server ip-in-use all
Pool utilization: 0.59%
IP address        Client-identifier/     Lease expiration         Type
                  Hardware address
192.168.99.1      38a9-1c4c-3b00         Apr 27 2000 12:42:32     Auto:COMMITTED
192.168.99.2      38a9-1c4c-c7c0         Apr 27 2000 12:42:49     Auto:COMMITTED
```

可以看到，DHCP 已经开始工作，并为 2 个 AP 分配了 IP 地址。

任务 7-3 高可用 AC 的基础配置

微课 7-3
高可用 AC 的基础配置

1. 任务描述

高可用 AC 的基础配置包括远程管理配置、VLAN 和 IP 地址配置、端口配置和路由配置。

2. 任务操作

① 远程管理配置。配置远程登录和管理密码。

```
<H3C>system-view                                          // 进入系统视图
[H3C]sysname AC1                                          // 配置设备名称
[AC1]user-interface vty 0 4                               // 进入虚拟链路
[AC1-line-vty0-4]protocol inbound telnet                  // 配置协议为 TELNET
[AC1-line-vty0-4]authentication-mode scheme               // 配置认证模式为 AAA
[AC1-line-vty0-4]quit                                     // 退出
[AC1]local-user h3cu                                      // 创建 h3cu 用户
[AC1-luser-manage-h3cu]password simple H3cu@123456        // 配置密码 Jan@123456
[AC1-luser-manage-h3cu]service-type telnet                // 配置用户类型为 TELNET 用户
[AC1-luser-manage-h3cu]authorization-attribute user-role level-15  // 配置用户等级为 15
[AC1-luser-manage-h3cu]quit                               // 退出
```

② VLAN 和 IP 地址配置。创建各部门使用的 VLAN，配置设备的 IP 地址。

```
[AC1]vlan 10                                              // 创建 VLAN 10
[AC1-vlan10]name User-Wifi                                // VLAN 命名为 User-Wifi
[AC1-vlan10]quit                                          // 退出
[AC1]vlan 99                                              // 创建 VLAN 99
[AC1-vlan99]name AP-Guanli                                // VLAN 命名为 AP-Guanli
[AC1-vlan99]quit                                          // 退出
[AC1]vlan 4000                                            // 创建 VLAN 4000
[AC1-vlan4000]name Link--AC-vlan 4000--                   // VLAN 命名为 Link--AC-vlan 4000--
[AC1-vlan4000]quit                                        // 退出
[AC1]interface Vlan-interface 99                          // 进入 Vlan-interface 99 接口
[AC1-Vlan-interface99]ip address 192.168.99.253 24        // 配置 IP 地址
[AC1-Vlan-interface99]quit                                // 退出
[AC1]interface Vlan-interface 4000                        // 进入 Vlan-interface 4000 接口
[AC1-Vlan-interface4000]ip address 192.168.1.1 24         // 配置 IP 地址
[AC1-Vlan-interface4000]quit                              // 退出
```

③ 端口配置。配置连接核心交换机和 AC 的端口为 Trunk 模式，并配置端口放行 VLAN 列表，允许交换机和 AP 的 VLAN 通过。

```
[AC1]interface GigabitEthernet 1/0/1                      // 进入 G1/0/1 端口视图
[AC1-GigabitEthernet1/0/1]port link-type trunk            // 配置端口链路模式为 Trunk
[AC1-GigabitEthernet1/0/1]port trunk permit vlan 10 99 4000  // 配置端口放行 VLAN 列表
[AC1-GigabitEthernet1/0/1]quit                            // 退出
```

④ 路由配置。配置默认路由，下一跳指向核心交换机 L3SW（192.168.1.11）。

```
[AC1]ip route-static 0.0.0.0 0 192.168.1.11               // 配置默认路由指向 L3SW
```

3. 任务验证

① 在 AC1 上使用 display vlan brief 命令查看 VLAN 信息，如下所示。

```
[AC1]display vlan brief
```

```
Brief information about all VLANs:
Supported Minimum VLAN ID: 1
Supported Maximum VLAN ID: 4094
Default VLAN ID: 1
VLAN ID    Name                     Port
1          VLAN 0001                GE1/0/1  GE1/0/2  GE1/0/3  GE1/0/4
10         User-Wifi                GE1/0/1
99         AP-Guanli                GE1/0/1
4000       Link--AC-vlan 4000--     GE1/0/1
```

② 在 AC1 上使用 display ip interface brief 命令查看 IP 地址信息，如下所示。

```
[AC1]display ip interface brief
*down: administratively down
(s): spoofing   (l): loopback
Interface          Physical   Protocol   IP Address        Description
Vlan1              up         up         192.168.0.4       --
Vlan99             up         up         192.168.99.253    --
Vlan4000           up         up         192.168.1.1       --
```

可以看到，2 个 Vlan-int 接口都已经配置了 IP 地址。

任务 7-4 高可用 AC 的 WLAN 配置

微课 7-4
高可用 AC 的
WLAN 配置

1. 任务描述

高可用 AC 的 WLAN 配置包括无线服务模板配置、AP license 共享功能配置、AP 配置和双链路备份功能配置。

2. 任务操作

① 无线服务模板配置。创建无线服务模板，配置 SSID 名称、配置 Vlan-id 和开启无线服务模板。

```
[AC1]wlan service-template 1F-vap                 // 创建无线服务模板 1F-vap
[AC1-wlan-st-1f-vap]ssid H3CU                     // 配置 SSID 为 H3CU
[AC1-wlan-st-1f-vap]vlan 10                       // 配置分配的 IP 地址段
[AC1-wlan-st-1f-vap]service-template enable       // 开启无线服务模板
[AC1-wlan-st-1f-vap]quit                          // 退出
```

② AP license 共享功能配置。

```
[AC1]wlan ap-license-group                                  // 创建 AP-license 组
[AC1-wlan-als-group]local ip 192.168.1.1                    // 配置本地 IP 地址
[AC1-wlan-als-group]member ip 192.168.1.2                   // 配置成员 IP 地址
[AC1-wlan-als-group]ap-license-synchronization enable       // 开启 license 共享
[AC1-wlan-als-group]quit                                    // 退出
```

③ AP 配置。创建手工 AP，配置 AP 名称为 WA6320-SI-1 和 WA6320-SI-2，型号名称选择 WA6320-SI，并配置序列号为 219801A2N18219E00W15 和 219801A2N18219E00TVV。

```
[AC1]wlan ap WA6320-SI-1 model WA6320-SI                          // 添加 AP 型号
[AC1-wlan-ap-WA6320-SI-1]serial-id 219801A2N18219E00W15           // 输入序列号
[AC1-wlan-ap-WA6320-SI-1]radio 1                                  // 进入 Radio1
[AC1-wlan-ap-WA6320-SI-1-radio-1]radio enable                     // 开启射频功能
[AC1-wlan-ap-WA6320-SI-1-radio-1]service-template 1F-vap          // 将无线服务模板 1F-vap 绑定到 Radio 1 上
[AC1-wlan-ap-WA6320-SI-1-radio-1]quit                             // 退出
[AC1-wlan-ap-WA6320-SI-1]quit                                     // 退出
[AC1]wlan ap WA6320-SI-2 model WA6320-SI                          // 添加 AP 型号
[AC1-wlan-ap-WA6320-SI-2]serial-id 219801A2N18219E00TVV           // 输入序列号
[AC1-wlan-ap-WA6320-SI-2]radio 1                                  // 进入 Radio1
[AC1-wlan-ap-WA6320-SI-2-radio-1]radio enable                     // 开启射频功能
[AC1-wlan-ap-WA6320-SI-2-radio-1]service-template 1F-vap          // 将无线服务模板 1F-vap 绑定到 Radio 1 上
[AC1-wlan-ap-WA6320-SI-2-radio-1]quit                             // 退出
[AC1-wlan-ap-WA6320-SI-2]quit                                     // 退出
```

④ 双链路备份功能配置。进入 AP 视图，开启 CAPWAP 隧道抢占功能。

```
[AC1]wlan ap WA6320-SI-1 model WA6320-SI                  // 进入 AP 视图
[AC1-wlan-ap-WA6320-SI-1]backup-ac ip 192.168.1.2         // 配置热备 AC IP 地址，AP 连接的优先级无须配置，
                                                          // 保持默认配置即可
[AC1-wlan-ap-WA6320-SI-1]priority 7                       // 配置 AP 连接的优先级为 7
[AC1-wlan-ap-WA6320-SI-1]wlan tunnel-preempt enable       // 开启 CAPWAP 隧道抢占功能
[AC1-wlan-ap-WA6320-SI-1]quit                             // 退出
[AC1]wlan ap WA6320-SI-2 model WA6320-SI                  // 进入 AP 视图
[AC1-wlan-ap-WA6320-SI-2]backup-ac ip 192.168.1.2         // 配置热备 AC IP 地址，AP 连接的优先级无须配置，
                                                          // 保持默认配置即可
[AC1-wlan-ap-WA6320-SI-2]priority 7                       // 配置 AP 连接的优先级为 7
[AC1-wlan-ap-WA6320-SI-2]wlan tunnel-preempt enable       // 开启 CAPWAP 隧道抢占功能
[AC1-wlan-ap-WA6320-SI-2]quit                             // 退出
```

3. 任务验证

① 在 AC1 上使用 display wlan service-template 命令查看无线服务模板信息，如下所示。

```
[AC1]display wlan service-template
Total number of service templates: 2
Service template name     SSID                          Status
1f-vap                    H3CU                          Enabled
```

可以看到，已经创建的 SSID 为 H3CU。

② 在 AC1 上使用 display wlan ap all 命令查看已注册的 AP 信息，如下所示。

```
[AC1]display wlan ap all
Total number of APs: 2
Total number of connected APs: 1
Total number of connected manual APs: 1
Total number of connected auto APs: 0
Total number of connected common APs: 1
Total number of connected WTUs: 0
```

```
Total number of inside APs: 0
Maximum supported APs: 48
Remaining APs: 47
Total AP licenses: 2
Local AP licenses: 2
Server AP licenses: 0
Remaining local AP licenses: 0
Sync AP licenses: 0

                              AP information
 State : I = Idle,      J   = Join,      JA = JoinAck,     IL = ImageLoad
         C = Config,    DC = DataCheck,   R   = Run,    M = Master,   B = Backup

AP name              APID  State  Model          Serial ID
WA6320-SI-1          1     R/M    WA6320-SI      219801A2N18219E00W15
WA6320-SI-2          2     R/M    WA6320-SI      219801A2N18219E00TVV
```

可以看到，2 个 AP 的状态为“R/M”，表示 AP 已经正常工作。

③ 在 AC1 上使用 display wlan ap-license-group 命令查看 AC1 的角色信息，如下所示。

```
<AC1>display wlan ap-license-group
Group total licenses: 1
Group used licenses: 0
AP license synchronization: Enabled
Local IP: 192.168.1.1
Local role: Master
Member information: 1
IP address      Total    Used     Member role     State     Online duration
192.168.1.2     1        0        Master          UP        00hr 04min 34sec
```

任务 7-5　高可用备用 AC 的配置

1. 任务描述

微课 7-5
高可用备用 AC
的配置

高可用备用 AC 的配置包括远程管理配置、VLAN 和 IP 地址配置、端口配置、路由配置、无线服务模板配置、AP license 共享功能配置、AP 配置和双链路备份功能配置。

2. 任务操作

① 远程管理配置。配置远程登录和管理密码。

```
<H3C>system-view                                  // 进入系统视图
[H3C]sysname AC2                                  // 配置设备名称
[AC2]user-interface vty 0 4                       // 进入虚拟链路
[AC2-line-vty0-4]protocol inbound telnet          // 配置协议为 TELNET
[AC2-line-vty0-4]authentication-mode scheme       // 配置认证模式为 AAA
```

```
[AC2-line-vty0-4]quit                                          // 退出
[AC2]local-user h3cu                                           // 创建 h3cu 用户
[AC2-luser-manage-h3cu]password simple H3cu@123456             // 配置密码 Jan@123456
[AC2-luser-manage-h3cu]service-type telnet                     // 配置用户类型为 TELNET 用户
[AC2-luser-manage-h3cu]authorization-attribute user-role level-15  // 配置用户等级为 15
[AC2-luser-manage-h3cu]quit                                    // 退出
```

② VLAN 和 IP 地址配置。创建各部门使用的 VLAN，配置设备的 IP 地址。

```
[AC2]vlan 10                                                   // 创建 VLAN 10
[AC2-vlan10]name User-Wifi                                     // VLAN 命名为 User-Wifi
[AC2-vlan10]quit                                               // 退出
[AC2]vlan 99                                                   // 创建 VLAN 99
[AC2-vlan99]name AP-Guanli                                     // VLAN 命名为 AP-Guanli
[AC2-vlan99]quit                                               // 退出
[AC2]vlan 4000                                                 // 创建 VLAN 4000
[AC2-vlan4000]name Link--AC-vlan 4000--                        // VLAN 命名为 Link--AC-vlan 4000--
[AC2-vlan4000]quit                                             // 退出
[AC2]interface Vlan-interface 99                               // 进入 Vlan-interface 99 接口
[AC2-Vlan-interface99]ip address 192.168.99.252 24             // 配置 IP 地址
[AC2-Vlan-interface99]quit                                     // 退出
[AC2]interface Vlan-interface 4000                             // 进入 Vlan-interface 4000 接口
[AC2-Vlan-interface4000]ip address 192.168.1.2 24              // 配置 IP 地址
[AC2-Vlan-interface4000]quit                                   // 退出
```

③ 端口配置。配置连接核心交换机和 AC 的端口为 Trunk 模式，并配置端口放行 VLAN 列表，允许交换机和 AP 的 VLAN 通过。

```
[AC2]interface GigabitEthernet 1/0/1                           // 进入 G1/0/1 端口视图
[AC2-GigabitEthernet1/0/1]port link-type trunk                 // 配置端口链路模式为 Trunk
[AC2-GigabitEthernet1/0/1]port trunk permit vlan 10 99 4000    // 配置端口放行 VLAN 列表
[AC2-GigabitEthernet1/0/1]quit                                 // 退出
```

④ 路由配置。配置默认路由，下一跳指向核心交换机 L3SW（192.168.1.11）。

```
[AC2]ip route-static 0.0.0.0 0 192.168.1.11                    // 配置默认路由指向 L3SW
```

⑤ 无线服务模板配置。创建无线服务模板，配置 SSID 名称、配置 Vlan-id 和开启无线服务模板。

```
[AC2]wlan service-template 1F-vap                              // 创建无线服务模板 1F-vap
[AC2-wlan-st-1f-vap]ssid H3CU                                  // 配置 SSID 为 H3CU
[AC2-wlan-st-1f-vap]vlan 10                                    // 配置分配的 IP 地址段
[AC2-wlan-st-1f-vap]service-template enable                    // 开启无线服务模板
[AC2-wlan-st-1f-vap]quit                                       // 退出
```

⑥ AP license 共享功能配置。创建 AP-license 组、配置本地 IP、配置成员 IP 和开启 license 共享。

```
[AC2]wlan ap-license-group                                     // 创建 AP-license 组
[AC2-wlan-als-group]local ip 192.168.1.2                       // 配置本地 IP 地址
[AC2-wlan-als-group]member ip 192.168.1.1                      // 配置成员 IP 地址
```

```
[AC2-wlan-als-group]ap-license-synchronization enable          // 开启 license 共享
[AC2-wlan-als-group]quit                                        // 退出
```

⑦ AP 配置。创建手工 AP，配置 AP 名称为 WA6320-SI-1 和 WA6320-SI-2，型号名称选择 WA6320-SI，并配置序列号为 219801A2N18219E00W15 和 219801A2N18219E00TVV。

```
[AC2]wlan ap WA6320-SI-1 model WA6320-SI                         // 添加 AP 型号
[AC2-wlan-ap-WA6320-SI-1]serial-id 219801A2N18219E00W15          // 输入序列号
[AC2-wlan-ap-WA6320-SI-1]radio 1                                 // 进入 Radio1
[AC2-wlan-ap-WA6320-SI-1-radio-1]radio enable                    // 开启射频功能
[AC2-wlan-ap-WA6320-SI-1-radio-1]service-template 1F-vap         // 将无线服务模板 1F-vap 绑定到 Radio 1 上
[AC2-wlan-ap-WA6320-SI-1-radio-1]quit                            // 退出
[AC2-wlan-ap-WA6320-SI-1]quit                                    // 退出
[AC2]wlan ap WA6320-SI-2 model WA6320-SI                         // 添加 AP 型号
[AC2-wlan-ap-WA6320-SI-2]serial-id 219801A2N18219E00TVV          // 输入序列号
[AC2-wlan-ap-WA6320-SI-2]radio 1                                 // 进入 Radio1
[AC2-wlan-ap-WA6320-SI-2-radio-1]radio enable                    // 开启射频功能
[AC2-wlan-ap-WA6320-SI-2-radio-1]service-template 1F-vap         // 将无线服务模板 1F-vap 绑定到 Radio 1 上
[AC2-wlan-ap-WA6320-SI-2-radio-1]quit                            // 退出
[AC2-wlan-ap-WA6320-SI-2]quit                                    // 退出
```

⑧ 双链路备份功能配置。进入 AP 视图，开启 CAPWAP 隧道抢占功能。

```
[AC2]wlan ap WA6320-SI-1 model WA6320-SI                  // 进入 AP 视图
[AC2-wlan-ap-WA6320-SI-1]backup-ac ip 192.168.1.1         // 配置热备 AC IP 地址，AP 连接的优先级无须配置，
                                                          // 保持默认配置即可
[AC2-wlan-ap-WA6320-SI-1]wlan tunnel-preempt enable       // 开启 CAPWAP 隧道抢占功能
[AC2-wlan-ap-WA6320-SI-1]quit                             // 退出
[AC2]wlan ap WA6320-SI-2 model WA6320-SI                  // 进入 AP 视图
[AC2-wlan-ap-WA6320-SI-2]backup-ac ip 192.168.1.1         // 配置热备 AC IP 地址，AP 连接的优先级无须配置，
                                                          // 保持默认配置即可
[AC2-wlan-ap-WA6320-SI-2]wlan tunnel-preempt enable       // 开启 CAPWAP 隧道抢占功能
[AC2-wlan-ap-WA6320-SI-2]quit                             // 退出
```

3. 任务验证

① 在 AC2 上使用 display wlan service-template 命令查看无线服务模板信息，如下所示。

```
[AC2]display wlan service-template
Total number of service templates: 1
Service template name     SSID                                Status
1f-vap                    H3CU                                Enabled
```

可以看到，已经创建的 SSID 为 H3CU。

② 在 AC2 上使用 display wlan ap all 命令查看已注册的 AP 信息，AP 信息状态为热备状态，如下所示。

```
[AC2]display  wlan ap all
Total number of APs: 2
Total number of connected APs: 2
```

```
Total number of connected manual APs: 2
Total number of connected auto APs: 0
Total number of connected common APs: 2
Total number of connected WTUs: 0
Total number of inside APs: 0
Maximum supported APs: 48
Remaining APs: 46
Total AP licenses: 2
Local AP licenses: 2
Server AP licenses: 0
Remaining local AP licenses: 2
Sync AP licenses: 1
                                   AP information
 State : I = Idle,      J   = Join,        JA = JoinAck,      IL = ImageLoad
         C = Config,    DC = DataCheck,  R   = Run,   M = Master,   B = Backup

AP name            APID  State  Model          Serial ID
WA6320-SI-1         1     R/B   WA6320-SI      219801A2N18219E00W15
WA6320-SI-2         2     R/B   WA6320-SI      219801A2N18219E00TVV
```

③ 在 AC2 上使用 display wlan ap-license-group 命令查看 AC2 的角色信息，如下所示。

```
<AC2>display wlan ap-license-group
Group total licenses: 1
Group used licenses: 0
AP license synchronization: Enabled
Local IP: 192.168.1.2
Local role: Master
Member information: 1
IP address      Total     Used     Member role     State     Online duration
192.168.1.1     1         0        Master          UP       00hr 06min 35sec
```

任务 7-6 高可用 AP 负载均衡功能的配置

1. 任务描述

微课 7-6
高可用 AP 负载均衡功能的配置

在两台 AC 上完成 AP 负载均衡功能的配置。

2. 任务操作

① AC1 负载均衡功能配置。在 AC1 上配置负载均衡模式为会话模式、创建负载均衡组、将 AP 加入负载均衡组、设置 AP 拒绝客户端关联请求次数和开启负载均衡功能。

```
[AC1]wlan load-balance mode session 2 gap 1               //配置负载均衡模式为会话模式，会话门限值为 2，会
                                                          //话差值门限值为 1
[AC1]wlan load-balance group 1                            //创建负载均衡组 1
[AC1-wlan-lb-group-1]ap name WA6320-SI-1 radio 1          //将 WA6320-SI-1 的 Radio 1 加入负载均衡组中
```

```
[AC1-wlan-lb-group-1]ap name WA6320-SI-2 radio 1        // 将 WA6320-SI-2 的 Radio 1 加入负载均衡组中
[AC1-wlan-lb-group-1]quit                               // 退出
[AC1]wlan load-balance access-denial 5                  // 配置 AP 拒绝客户端关联请求的最大次数为 5
[AC1]wlan load-balance enable                           // 开启负载均衡功能
```

② AC2 负载均衡功能配置。在 AC2 上配置负载均衡模式为会话模式、创建负载均衡组、将 AP 加入负载均衡组、设置 AP 拒绝客户端关联请求次数和开启负载均衡功能。

```
[AC2]wlan load-balance mode session 2 gap 1             // 配置负载均衡模式为会话模式，会话门限值为 2，会
                                                        // 话差值门限值为 1。
[AC2]wlan load-balance group 1                          // 创建负载均衡组 1
[AC2-wlan-lb-group-1]ap name WA6320-SI-1 radio 1        // 将 WA6320-SI-1 的 Radio 1 加入负载均衡组中
[AC2-wlan-lb-group-1]ap name WA6320-SI-2 radio 1        // 将 WA6320-SI-2 的 Radio 1 加入负载均衡组中
[AC2-wlan-lb-group-1]quit                               // 退出
[AC2]wlan load-balance access-denial 5                  // 配置 AP 拒绝客户端关联请求的最大次数为 5
[AC2]wlan load-balance enable                           // 开启负载均衡功能
```

3. 任务验证

在 AC1 和 AC2 上使用 display wlan load-balance group 1 命令，确认负载均衡组 1 状态，如下所示。

```
[AC1]display wlan load-balance group 1
                    WLAN load balance group information
------------------------------------------------------------------------------
Group ID                        : 1
Description                     :
Group members                   : WA6320-SI-1- radio1,
                                  WA6320-SI-2- radio1,
______________________________________________________________________________

[AC2]display wlan load-balance group 1
                    WLAN load balance group information
------------------------------------------------------------------------------
Group ID                        : 1
Description                     :
Group members                   : WA6320-SI-1- radio1,
                                  WA6320-SI-2- radio1,
______________________________________________________________________________
------------------------------------------------------------------------------
```

任务 7-7 无线零漫游配置

1. 任务描述

在 AC 配置无线零漫游命令，终端在频繁移动过程中减少丢包率，实现“无缝漫游”。

2. 任务操作

① AC1 设备开启零漫游配置，另外设置 AP 信号探测 STA 信号强度功能，使其能触发零

漫游功能。

```
[AC1] seamless-roaming enable                                      // 开启零漫游功能
[AC1]seamless-roaming switch rssi-threshold 30 rssi-gap 10         // 设置目的 AP 信号探测到 STA 信号强度达
                                                                   // 到 30 且与原 AP 差值为 10 时触发零漫游
```

② 配置 802.11v 的 BSS 切换管理功能。开启 BSS 切换管理功能后，当设备检测到某个无线客户端的信号强度低于门限值，或收到无线客户端发出的切换查询请求报文，会向无线客户端发送请求切换 BSS 的通知，引导无线客户端连接到其他的 BSS 上。

```
[AC1] wlan service-template service1                               // 进入 WLAN 服务模板
[AC1-wlan-st-service1] bss transition-management enable            // 开启 BSS 切换管理功能
```

3．任务验证

在 AC1 上通过 display system internal wlan client history-record 命令查看零漫游是否生效，如下所示：

```
[AC1-probe]display system internal wlan client history-record
Max Record Number               : 1310720
Current Record Number           : 9
Current Mac-address record Number  : 2
Time          MAC address    AP name    AP ID/RID  SSID    State   Reason
01-03 13:25:17 2039-5677-71b9 ap1        2/1        zero    Offline 1123
01-03 13:25:17 2039-5677-71b9 ap2        3/1        zero    Online  0
```

在 AC1 设备通过 debug WLAN client 后，有如下日志信息：

```
[AC1][*Dec  7 14:21:20:195 2019 H3C STAMGR/7/Event: STA[2039-5677-71b9] seamless-roam from AP[8] to AP[7].
%Dec  7 14:21:20:198 2019 Hhold[20].gap[5].SrcRssi[35].DstRssi[41].Byte0to1[0]bytes2to5[0].
```

7.6 项目验证

微课 7-7
项目验证

在 AC1 上使用 display wlan client 命令，可以看到 AP 负载均衡的效果，无线用户与 AP 均衡关联，如下所示。

```
[AC1]display wlan client
Total number of clients: 5

MAC address      User name       AP name        R   IP address      VLAN
405b-d893-546f   N/A             WA6320-SI-2    1   192.168.10.3    10
94e6-f7b9-d1fb   N/A             WA6320-SI-2    1   192.168.10.5    10
b0de-2897-e821   N/A             WA6320-SI-1    1   192.168.10.2    10
bec6-2ab9-efdf   N/A             WA6320-SI-1    1   192.168.10.1    10
beee-770a-f10a   N/A             WA6320-SI-2    1   192.168.10.4    10
```

当 AC1 宕机后，在 AC2 上使用 display wlan ap all 命令查看已注册的 AP 信息，可以看到

AP 信息状态为活动状态，此时 AC2 作为备用 AC 与 AP 建立隧道连接，如下所示。

```
<AC2>dis wlan ap all
Total number of APs: 2
Total number of connected APs: 2
Total number of connected manual APs: 2
Total number of connected auto APs: 0
Total number of connected common APs: 2
Total number of connected WTUs: 0
Total number of inside APs: 0
Maximum supported APs: 48
Remaining APs: 46
Total AP licenses: 2
Local AP licenses: 2
Server AP licenses: 0
Remaining local AP licenses: 0
Sync AP licenses: 1

                              AP information
 State : I = Idle,      J  = Join,       JA = JoinAck,     IL = ImageLoad
         C = Config,    DC = DataCheck,  R  = Run,    M = Master,   B = Backup

AP name            APID  State  Model          Serial ID
WA6320-SI-1        1     R/M    WA6320-SI      219801A2N18219E00W15
WA6320-SI-2        2     R/M    WA6320-SI      219801A2N18219E00TVV
```

在 AC2 上使用 display wlan client 命令，可以看到 AP 负载均衡仍然有效，无线用户与 AP 均衡关联，如下所示。

```
<AC2>display wlan client
Total number of clients: 5

MAC address      User name    AP name          R  IP address      VLAN
04ea-568d-e7f3   N/A          WA6320-SI-2      1  192.168.10.5    10
405b-d893-546f   N/A          WA6320-SI-2      1  192.168.10.2    10
6a5b-0241-6368   N/A          WA6320-SI-1      1  192.168.10.1    10
94e6-f7b9-d1fb   N/A          WA6320-SI-2      1  192.168.10.4    10
9e22-93ef-5142   N/A          WA6320-SI-1      1  192.168.10.3    10
```

7.7 项目习题 

选择题

1. 在交换机上，用户可以通过 OVSDB（　　）模式，手动执行命令连接控制器的

OVSDB。

A．强制　B．被动　C．控制　D．主动

2．通用路由封装协议（Generic Routing Encapsulation，GRE）提供了将一种协议的报文封装在另一种协议报文中的机制，是一种（　　）技术。

A．arp 封装　B．vpn 隧道　C．ptp 协议　D．隧道封装

3．VXLAN 工作时，VTEP 起始端会在原始的以太网报文之前添加一个（　　）。

A．VXLAN 封装　B．数据封装　C．arp 封装　D．隧道封装

4．在两台 OpenvSwitch 交换机之间执行了创建 vxlan 类型端口的命令之后，用户可以通过命令创建流表项控制流量通过（　　）传输。

A．数据　B．隧道　C．协议　D．点对点

5．（　　）是用于软件定义网络堆栈的实时 sFlow 分析引擎。

A．sFlow-RT　B．Hyper-V Agent

C．sFlowTrend-Pro　D．sFlowTrend

6．通常情况下，安装 sFlow-RT 之前需要部署（　　）平台。

A．Linux　B．Windows　C．Java　D．Python

7．一个组表项可以拥有多个动作桶，每个动作桶都以（　　）开始。

A．“bucket=”　B．“back=”　C．“ket=”　D．“key=”

项目8　新华三大厦无线网络的安全优化

8.1　项目背景

新华三大厦无线网络使用 WPA2 加密方式部署。在网络运营一段时间后，公司发现无线用户数持续增加，但是新员工并未增长。网络管理员通过分析接入用户，发现增长的用户基本属于公司外部人员，这些用户的接入不仅造成员工接入带宽下降，还带来了安全隐患。

为解决这个问题，该公司要求对当前无线网络进行接入认证的升级改造，把原有的密码认证升级为实名认证，即每位员工都有唯一的账号与密码，并且账号与员工个人存在一一对应的关系，这样既可以避免员工将自己的账号与密码泄露出去，同时又提高了网络安全性，满足国家关于实名认证的要求。

为确保该项目实施的可靠性，公司前期在信息部内部做了测试，接下来拟在办公楼的研发部、销售部启用 Web 实名认证，并进行小范围测试。

无线采用 WPA2 密码认证接入方式仅适用于小型企业，所有客户端通过相同的密码接入，密码不具备用户辨识性。要解决员工分享或泄露公司无线密码的安全隐患，需实现无线认证与员工个人信息绑定，做到实名认证。目前，业界大多采用比较成熟的 Web 认证技术来解决这一问题。

8.2　需求分析

无线 AC 内置 Web 认证，相当于在网络中部署一台认证服务器，所有用户接入均通过它进行身份识别，通过验证则允许接入网络。因此，本项目可以通过在无线 AC 上启用本地认证实现无线用户上网的统一身份认证，解除该公司的无线网络接入安全困扰，具体涉及以下两个工作任务：

① 基础网络配置。配置有线网络与无线网络，实现有线用户与无线用户的连通性。

② 无线认证配置。在无线 AC 上添加认证设备和用户信息，配置本地认证，实现网络的安全接入认证。

8.3 项目相关知识 

1. AAA 的基本概念

AAA 是认证（Authentication）、授权（Authorization）和计费（Accounting）的简称，它提供了认证、授权、计费 3 种安全功能。

① 认证：验证用户的身份和可使用的网络服务。

② 授权：依据认证结果开放网络服务给用户。

③ 计费：记录用户对各种网络服务的用量，并提供给计费系统。

AAA 可以通过多种协议来实现，目前华三大部分设备支持基于远程认证拨号用户服务（Remote Authentication Dial-In User Service，RADIUS）协议或 HW 终端访问控制器控制系统（HW Terminal Access Controller Access Control System，HWTACACS）协议来实现 AAA。

2. Web 认证

Web 认证是一种对用户访问网络的权限进行控制的身份认证方法，这种认证方法不需要用户安装专用的客户端认证软件，使用普通的浏览器就可以进行身份认证。

未认证用户使用浏览器上网时，接入设备会强制浏览器访问特定站点，也就是 Web 认证服务器，通常称为 Portal 服务器。用户无须认证即可享受 Portal 服务器上的服务，比如下载安全补丁、阅读公告信息等。当用户需要访问认证服务器以外的网络资源时，就必须通过浏览器在 Portal 服务器上进行身份认证，认证的用户信息保存在 AAA 服务器上，由 AAA 服务器来判断用户是否通过身份认证，只有认证通过后才可以使用认证服务器以外的网络资源。

除了认证上的便利性之外，由于 Portal 服务器和用户的浏览器有交互界面，可以利用这个特性在 Portal 服务器界面放置一些广告、通知、业务链接等个性化的服务，因此具有很好的应用前景。

3. 本地认证

Web 认证采用本地认证。AC 内置了 Web 认证所需的 Portal、AAA 等功能，可以将 AC 作为 AAA 服务器，设备此时被称为本地 AAA 服务器。本地 AAA 服务器支持对用户进行认证和授权，不支持对用户进行计费。

本地 AAA 服务器需要配置本地用户的用户名、密码、授权信息等。使用本地 AAA 服务器进行认证和授权比使用远端 AAA 服务器的速度快，可以降低运营成本，但是存储信息量受设备硬件条件限制。

8.4 项目规划设计

1. 项目拓扑

公司的 AP 连接在接入交换机（L2SW），核心交换机（L3SW）作为公司网络的中心节点，AC 和接入交换机都连接在核心交换机上，其网络拓扑如图 8-1 所示。

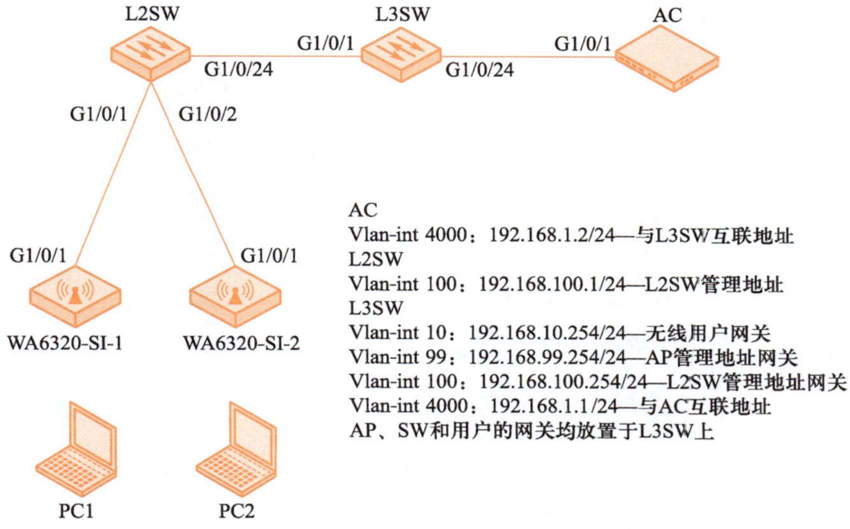

图 8-1　智能无线网络的安全认证服务部署项目的网络拓扑图

2. 项目规划

根据图 8-1 所示网络拓扑和项目描述进行项目的业务规划，项目 8 的 VLAN 规划、设备管理规划、端口互联规划、IP 规划、service-template 规划、AP 规划、认证域规划、Portal 规划见表 8-1 ～表 8-8。

表 8-1　VLAN 规划

VLAN-ID	VLAN 命名	网段	用途
VLAN 10	User-Wifi	192.168.10.0/24	无线用户网段
VLAN 99	AP-Guanli	192.168.99.0/24	AP 管理网段
VLAN 100	SW-Guanli	192.168.100.0/24	L2SW 管理网段
VLAN 4000	Link--AC-vlan 4000--	192.168.1.0/24	L3SW 与 AC 互联网段

表 8–2 设备管理规划

设备类型	型号	设备命名	用户名	密码
无线接入点	WA6320-SI	WA6320-SI-1	N/A	N/A
		WA6320-SI-2	N/A	N/A
无线控制器	WX2540H	AC	H3CU	H3CU@123456
接入交换机	S3600	L2SW	H3CU	H3CU@123456
核心交换机	S5800	L3SW	H3CU	H3CU@123456

表 8–3 端口互联规划

本端设备	本端端口	端口配置	对端设备	对端端口
WA6320-SI-1	G1/0/1	N/A	L2SW	G1/0/1
WA6320-SI-2	G1/0/1	N/A	L2SW	G1/0/2
L2SW	G1/0/1	Trunk	WA6320-SI-1	G1/0/1
L2SW	G1/0/2	Trunk	WA6320-SI-2	G1/0/1
L2SW	G1/0/24	Trunk	L3SW	G1/0/1
L3SW	G1/0/1	Trunk	L2SW	G1/0/24
L3SW	G1/0/24	Trunk	AC	G1/0/1
AC	G1/0/1	Trunk	L3SW	G1/0/24

表 8–4 IP 规划

设备	接口	IP 地址	用途
AC	Vlan-int 4000	192.168.1.2/24	与 L3SW 互联地址
L3SW	Vlan-int 10	192.168.10.1 ~ 192.168.10.253	DHCP 分配
		192.168.10.254/24	无线用户网关
	Vlan-int 99	192.168.99.1 ~ 192.168.99.253	DHCP 分配
		192.168.99.254/24	AP 管理地址网关
	Vlan-int 100	192.168.100.254/24	L2SW 管理地址网关
	Vlan-int 4000	192.168.1.1/24	与 AC 互联地址
L2SW	Vlan-int 100	192.168.100.1/24	L2SW 管理地址
WA6320-SI-1	Vlan-int 99	DHCP	AP 管理地址
WA6320-SI-2	Vlan-int 99	DHCP	AP 管理地址

表 8-5 service-template 规划

service-template	VLAN	SSID	是否开启 Portal 认证	认证域	是否加密	是否广播
1F-vap	10	H3CU-1F	是	dm1	否（默认）	是（默认）
2F-vap	10	H3CU-2F	是	dm1	否（默认）	是（默认）

表 8-6 AP 规划

AP 名称	SN	service-template	信道绑定	功率
WA6320-SI-1	219801A2N18219E00W15	1F-vap	Radio 1	100%
WA6320-SI-2	219801A2N18219E00TVV	2F-vap	Radio 1	100%

表 8-7 认证域规划

设备名称	认证域名称	认证方法	授权方法	计费方法
AC	dm1	Local	none	none

表 8-8 Portal 规划

设备名称	URL	用户名	用户密码	是否开启无线 Portal 漫游功能	是否开启无线 Portal 客户端 ARP 表项固化功能	是否开启无线 Portal 客户端合法性检查功能
AC	http://192.168.1.2/portal	test	test	是	否	是

8.5 项目实践

微课 8-1
公司接入交换机的配置

任务 8-1 公司接入交换机的配置

1. 任务描述

公司接入交换机的配置包括远程管理配置、VLAN 和 IP 地址配置、端口配置和默认路由配置。

2. 任务操作

① 远程管理配置。配置远程登录和管理密码。

```
<H3C>system-view                                  //进入系统视图
[H3C]sysname L2SW                                 //配置设备名称
```

```
[L2SW]user-interface vty 0 4                          // 进入虚拟链路
[L2SW-ui-vty0-4]protocol inbound telnet               // 配置协议为 TELNET
[L2SW-ui-vty0-4]authentication-mode scheme            // 配置认证模式为 AAA
[L2SW-ui-vty0-4]quit                                  // 退出
[L2SW]local-user H3CU                                 // 创建 H3CU 用户
[L2SW-luser-H3CU]password simple H3CU@123456          // 配置密码 H3CU@123456
[L2SW-luser-H3CU]service-type telnet                  // 配置用户类型为 TELNET 用户
[L2SW-luser-H3CU]authorization-attribute level 3      // 配置用户等级为 3
[L2SW-luser-H3CU]quit                                 // 退出
```

② VLAN 和 IP 地址配置。创建各部门使用的 VLAN，配置设备的 IP 地址作为管理地址。

```
[L2SW]vlan 10                                         // 创建 VLAN 10
[L2SW-vlan10]name User-Wifi                           // VLAN 命名为 User-Wifi
[L2SW-vlan10]quit                                     // 退出
[L2SW]vlan 99                                         // 创建 VLAN 99
[L2SW-vlan99]name AP-Guanli                           // VLAN 命名为 AP-Guanli
[L2SW-vlan99]quit                                     // 退出
[L2SW]vlan 100                                        // 创建 VLAN 100
[L2SW-vlan100]name SW-Guanli                          // VLAN 命名为 SW-Guanli
[L2SW-vlan100]quit                                    // 退出
[L2SW]interface Vlan-interface 100                    // 进入 Vlan-interface 100 接口
[L2SW-vlan-interface100]ip address 192.168.100.1 24   // 配置 IP 地址
[L2SW-vlan-interface100]quit                          // 退出
```

③ 端口配置。配置连接 AP 的端口为 Trunk 模式，修改默认 VLAN 为 AP VLAN，并配置端口放行 VLAN 列表，允许 AP 的 VLAN 通过；配置连接 L3SW 的端口为 Trunk 模式，配置端口放行 VLAN 列表，允许 AP 和 L2SW 管理的 VLAN 通过。

```
[L2SW]interface range GigabitEthernet 1/0/1 to GigabitEthernet 1/0/2// 进入 G1/0/1-2 端口视图
[L2SW-if-range]port link-type trunk                           // 配置端口链路模式为 Trunk
[L2SW-if-range]port trunk pvid vlan 99                        // 配置端口放行 VLAN 列表
[L2SW-if-range]port trunk permit vlan 99                      // 配置端口默认 VLAN
[L2SW-if-range]quit                                           // 退出
[L2SW]interface GigabitEthernet 1/0/24                        // 进入 G1/0/24 端口视图
[L2SW-GigabitEthernet1/0/24]port link-type trunk              // 配置端口链路模式为 Trunk
[L2SW-GigabitEthernet1/0/24]port trunk permit vlan 99 100     // 配置端口放行 VLAN 列表
[L2SW-GigabitEthernet1/0/24]quit                              // 退出
```

④ 默认路由配置。配置默认路由，下一跳指向 L2SW 管理地址网关。

```
[L2SW]ip route-static 0.0.0.0 0.0.0.0 192.168.100.254         // 配置默认路由
```

3. 任务验证

在 L2SW 上使用 display interface brief 命令，查看 Vlan-int 接口和端口信息，如下所示。

```
[L2SW]display interface brief
The brief information of interface(s) under route mode:
Link: ADM - administratively down; Stby - standby
```

```
Protocol: (s) - spoofing
Interface            Link  Protocol  Primary IP        Description
Vlan100              UP    UP        192.168.100.1

The brief information of interface(s) under bridge mode:
Link: ADM - administratively down; Stby - standby
Speed or Duplex: (a)/A - auto; H - half; F - full
Type: A - access; T - trunk; H - hybrid
Interface            Link  Speed  Duplex  Type  PVID  Description
GE1/0/1              UP    auto   F(a)    T     99
GE1/0/2              UP    auto   F(a)    T     99
GE1/0/24             UP    auto   F(a)    T     1
```

任务 8-2　公司核心交换机的配置

微课 8-2
公司核心交换机的配置

1. 任务描述

公司核心交换机的配置包括远程管理配置、VLAN 和 IP 地址配置、DHCP 配置、端口配置。

2. 任务操作

① 远程管理配置。配置远程登录和管理密码。

```
<H3C>system-view                                   // 进入系统视图
[H3C]sysname L3SW                                  // 配置设备名称
[L3SW]user-interface vty 0 4                       // 进入虚拟链路
[L3SW-ui-vty0-4]protocol inbound telnet            // 配置协议为 TELNET
[L3SW-ui-vty0-4]authentication-mode scheme         // 配置认证模式为 AAA
[L3SW-ui-vty0-4]quit                               // 退出
[L3SW]local-user H3CU                              // 创建 H3CU 用户
[L3SW-luser-H3CU]password simple H3CU@123456       // 配置密码 H3CU@123456
[L3SW-luser-H3CU]service-type telnet               // 配置用户类型为 TELNET 用户
[L3SW-luser-H3CU]authorization-attribute level 3   // 配置用户等级为 3
[L3SW-luser-H3CU]quit                              // 退出
```

② VLAN 和 IP 地址配置。创建各部门使用的 VLAN，配置设备的 IP 地址作为管理地址。

```
[L3SW]vlan 10                                      // 创建 VLAN 10
[L3SW-vlan10]name User-Wifi                        // VLAN 命名为 User-Wifi
[L3SW-vlan10]quit                                  // 退出
[L3SW]vlan 99                                      // 创建 VLAN 99
[L3SW-vlan99]name AP-Guanli                        // VLAN 命名为 AP-Guanli
[L3SW-vlan99]quit                                  // 退出
[L3SW]vlan 100                                     // 创建 VLAN 100
[L3SW-vlan100]name SW-Guanli                       // VLAN 命名为 SW-Guanli
[L3SW-vlan100]quit                                 // 退出
[L3SW]vlan 4000                                    // 创建 VLAN 4000
```

```
[L3SW-vlan4000]name Link--AC-vlan 4000--                    // VLAN 命名为 Link--AC-vlan 4000--
[L3SW-vlan4000]quit                                          // 退出
[L3SW]interface Vlan-interface 10                            // 进入 Vlan-interface 10 接口
[L3SW-Vlan-interface10]ip address 192.168.10.254 24          // 配置 IP 地址
[L3SW-Vlan-interface10]quit                                  // 退出
[L3SW]interface Vlan-interface 99                            // 进入 Vlan-interface 99 接口
[L3SW-Vlan-interface99]ip address 192.168.99.254 24          // 配置 IP 地址
[L3SW-Vlan-interface99]quit                                  // 退出
[L3SW]interface Vlan-interface 100                           // 进入 Vlan-interface 100 接口
[L3SW-Vlan-interface100]ip address 192.168.100.254 24        // 配置 IP 地址
[L3SW-Vlan-interface100]quit                                 // 退出
[L3SW]interface Vlan-interface 4000                          // 进入 Vlan-interface 4000 接口
[L3SW-Vlan-interface4000]ip address 192.168.1.1 24           // 配置 IP 地址
[L3SW-Vlan-interface4000]quit                                // 退出
```

③ DHCP 配置。开启 DHCP 服务功能，创建 AP 和用户的 DHCP 地址池。

```
[L3SW]dhcp enable                                            // 开启 DHCP 功能
[L3SW]dhcp server ip-pool vlan99                             // 创建 Vlan-interface 99 的地址池
[L3SW-dhcp-pool-vlan99]network 192.168.99.0 24               // 配置分配的 IP 地址段
[L3SW-dhcp-pool-vlan99]gateway-list 192.168.99.254           // 配置分配的网关地址
[L3SW-dhcp-pool-vlan99]option 138 ip-address 192.168.1.2     // 配置 DHCP 分配的选项字段，用于 AP 与
                                                             // AC 建立隧道
[L3SW-dhcp-pool-vlan99]quit                                  // 退出
[L3SW]dhcp server ip-pool vlan10                             // 创建 Vlan-interface 10 的地址池
[L3SW-dhcp-pool-vlan10]network 192.168.10.0 24               // 配置分配的 IP 地址段

[L3SW-dhcp-pool-vlan10]gateway-list 192.168.10.254           // 配置分配的网关地址

[L3SW-dhcp-pool-vlan10]quit                                  // 退出
```

④ 端口配置。配置连接接入交换机和 AC 的端口为 Trunk 模式，并配置端口放行 VLAN 列表，允许用户和设备互联的 VLAN 通过。

```
[L3SW]interface GigabitEthernet 1/0/1                        // 进入 G1/0/1 端口视图
[L3SW-GigabitEthernet1/0/1]port link-type trunk              // 配置端口链路模式为 Trunk
[L3SW-GigabitEthernet1/0/1]port trunk permit vlan 99 100     // 配置端口放行 VLAN 列表
[L3SW-GigabitEthernet1/0/1]quit                              // 退出
[L3SW]interface GigabitEthernet 1/0/24                       // 进入 G1/0/24 接口视图
[L3SW-GigabitEthernet1/0/24]port link-type trunk             // 配置端口链路模式为 Trunk
[L3SW-GigabitEthernet1/0/24]port trunk permit vlan 10 4000   // 配置端口放行 VLAN 列表
[L3SW-GigabitEthernet1/0/24]quit                             // 退出
```

3. 任务验证

将 AP 上电后连接到接入交换机，在 L3SW 上使用 display dhcp server ip-in-use pool vlan99 命令，结果如下所示。

```
[L3SW]display dhcp server ip-in-use pool vlan99
Pool utilization: 0.78%
 IP address       Client-identifier/    Lease expiration        Type
                  Hardware address
 192.168.99.2     38a9-1c4c-3b00        Apr 27 2000 12:37:24    Auto:COMMITTED
 192.168.99.1     38a9-1c4c-c7c0        Apr 27 2000 12:37:09    Auto:COMMITTED

 --- total 2 entry ---
```

可以看到，2 个 AP 获取了 IP 地址。

任务 8-3 公司 AC 的基础配置

1. 任务描述

公司 AC 的基础配置包括远程管理配置、VLAN 和 IP 地址配置、端口配置和路由配置。

微课 8-3
公司 AC 的基础配置

2. 任务操作

① 远程管理配置。配置远程登录和管理密码。

```
<H3C>system-view                                                    // 进入系统视图
[H3C]sysname AC                                                     // 配置设备名称
[AC]user-interface vty 0 4                                          // 进入虚拟链路
[AC-line-vty0-4]protocol inbound telnet                             // 配置协议为 TELNET
[AC-line-vty0-4]authentication-mode scheme                          // 配置认证模式为 AAA
[AC-line-vty0-4]quit                                                // 退出
[AC]local-user H3CU                                                 // 创建 H3CU 用户
[AC-luser-manage-H3CU]password simple H3CU@123456                   // 配置密码 H3CU@123456
[AC-luser-manage-H3CU]service-type telnet                           // 配置用户类型为 TELNET 用户
[AC-luser-manage-H3CU]authorization-attribute user-role level-15    // 配置用户等级为 15
[AC-luser-manage-H3CU]quit                                          // 退出
```

② VLAN 和 IP 配置。创建各部门使用的 VLAN，配置设备的 IP 地址。

```
[AC]vlan 10                                          // 创建 VLAN 10
[AC-vlan10]name User-Wifi                            // VLAN 命名为 User-Wifi
[AC-vlan10]quit                                      // 退出
[AC]vlan 4000                                        // 创建 VLAN 4000
[AC-vlan4000]name Link--AC-vlan 4000--               // VLAN 命名为 Link--AC-vlan 4000--
[AC-vlan4000]quit                                    // 退出
[AC]interface Vlan-interface 4000                    // 进入 Vlan-interface 4000 接口
[AC-Vlan-interface4000]ip address 192.168.1.2 24     // 配置 IP 地址
[AC-Vlan-interface4000]quit                          // 退出
```

③ 端口配置。配置连接交换机的端口为 Trunk 模式，并配置端口放行 VLAN 列表，允许用户和设备互联的 VLAN 通过。

```
[AC]interface GigabitEthernet 1/0/1                  // 进入 G1/0/1 端口视图
```

```
[AC-GigabitEthernet1/0/1]port link-type trunk                  // 配置端口类型为 Trunk
[AC-GigabitEthernet1/0/1]port trunk permit vlan 10 4000        // 配置端口放行 VLAN 列表
[AC-GigabitEthernet1/0/1]quit                                  // 退出
```

④ 路由配置。配置默认路由，下一跳指向核心交换机 L3SW（IP 地址为 192.168.1.1）。

```
[AC]ip route-static 0.0.0.0 0.0.0.0 192.168.1.1                // 配置默认路由
```

3. 任务验证

① 在 AC 上使用 display vlan brief 命令查看 VLAN 信息，如下所示。

```
[AC]display vlan brief
Brief information about all VLANs:
Supported Minimum VLAN ID: 1
Supported Maximum VLAN ID: 4094
Default VLAN ID: 1
VLAN ID   Name                    Port
1         VLAN 0001               GE1/0/1   GE1/0/2   GE1/0/3   GE1/0/4
10        User-Wifi               GE1/0/1
4000      Link--AC-vlan4000--     GE1/0/1
```

可以看到，允许通过的 VLAN 列表中包括 VLAN 10、VLAN 4000。

② 在 AC 上使用 display ip interface brief 命令查看 IP地址信息，如下所示。

```
[AC]display ip interface brief
*down: administratively down
(s): spoofing   (l): loopback
Interface            Physical   Protocol IP   Address          Description
Vlan1                up         up            192.168.0.100    --
Vlan4000             up         up            192.168.1.2      --
```

可以看到，VLAN 4000 接口已经配置了 IP 地址。

任务 8-4 公司 AC 的 WLAN 配置

微课 8-4 公司 AC 的 WLAN 配置

1. 任务描述

公司 AC 的 WLAN 配置包括无线服务模板配置和 AP 配置。

2. 任务操作

① 无线服务模板配置。创建无线服务模板，配置 SSID 名称、配置 Vlan-id 和开启无线服务模板。

```
[AC]wlan service-template 1F-vap                   // 创建无线服务模板 1F-vap
[AC-wlan-st-1f-vap]ssid H3CU-1F                    // 配置 SSID 为 H3CU-1F
[AC-wlan-st-1f-vap]vlan 10                         // 配置无线服务模板的 VLAN 为 10
[AC-wlan-st-1f-vap]service-template enable         // 开启无线服务模板
[AC-wlan-st-1f-vap]quit                            // 退出
```

```
[AC]wlan service-template 2F-vap                       // 创建无线服务模板 2F-vap
[AC-wlan-st-2f-vap]ssid H3CU-2F                        // 配置 SSID 为 H3CU-2F
[AC-wlan-st-2f-vap]vlan 10                             // 配置无线服务模板的 VLAN 为 10
[AC-wlan-st-2f-vap]service-template enable             // 开启无线服务模板
[AC-wlan-st-2f-vap]quit                                // 退出
```

② AP 配置。创建手工 AP，配置 AP 序列号，将无线服务模板 1F-vap 和 2F-vap 分别绑定到 WA6320-SI-1 和 WA6320-SI-2 的 Radio 1，开启 Radio 1 的射频功能。

```
[AC]wlan ap WA6320-SI-1 model WA6320-SI                              // 添加 AP 型号
[AC-wlan-ap-WA6320-SI-1]serial-id 219801A2N18219E00W15               // 输入序列号
[AC-wlan-ap-WA6320-SI-1]radio 1                                      // 进入 Radio1
[AC-wlan-ap-WA6320-SI-1-radio-1]radio enable                         // 开启射频功能
[AC-wlan-ap-WA6320-SI-1-radio-1]service-template 1F-vap              // 将无线服务模板 1F-vap 绑定到 Radio 1 上
[AC-wlan-ap-WA6320-SI-1-radio-1]quit                                 // 退出
[AC-wlan-ap-WA6320-SI-1]quit                                         // 退出
[AC]wlan ap WA6320-SI-2 model WA6320-SI                              // 添加 AP 型号
[AC-wlan-ap-WA6320-SI-2]serial-id 219801A2N18219E00TVV               // 输入序列号
[AC-wlan-ap-WA6320-SI-2]radio 1                                      // 进入 Radio1
[AC-wlan-ap-WA6320-SI-2-radio-1]radio enable                         // 开启射频功能
[AC-wlan-ap-WA6320-SI-2-radio-1]service-template 2F-vap              // 将无线服务模板 2F-vap 绑定到 Radio 1 上
[AC-wlan-ap-WA6320-SI-2-radio-1]quit                                 // 退出
[AC-wlan-ap-WA6320-SI-2]quit                                         // 退出
```

3. 任务验证

① 在 AC 上使用 display wlan ap name WA6320-SI-1 命令查看 AP WA6320-SI-1 的配置信息，如下所示。

```
[AC]display wlan ap name WA6320-SI-1
                                    AP information
 State : I = Idle,       J  = Join,        JA = JoinAck,     IL = ImageLoad
         C = Config,     DC = DataCheck,   R  = Run,     M = Master,   B = Backup

AP name                  APID   State   Model            Serial ID
WA6320-SI-1              1      R/M     WA6320-SI        219801A2N18219E00W15
```

可以看到，状态为 R/M，表示 AP WA6320-SI-1 已上线。

② 在 AC 上使用 display wlan ap name WA6320-SI-2 命令查看 AP WA6320-SI-2 配置信息，如下所示。

```
[AC]display wlan ap name WA6320-SI-2
                                    AP information
 State : I = Idle,       J  = Join,        JA = JoinAck,     IL = ImageLoad
         C = Config,     DC = DataCheck,   R  = Run,     M = Master,   B = Backup

AP name                  APID   State   Model            Serial ID
WA6320-SI-2              2      R/M     WA6320-SI        219801A2N18219E00TVV
```

可以看到，状态为 R/M，表示 AP WA6320-SI-2 已上线。

任务 8-5 公司无线 Portal 认证的配置

微课 8-5
公司无线 Portal
认证的配置

1. 任务描述

公司无线 Portal 认证的配置包括认证域配置、Portal 配置、接入模板配置和 Portal 认证用户配置。

2. 任务操作

① 认证域配置。

```
[AC]domain dm1                                          // 创建名称为 dm1 的 ISP 域并进入其视图
[AC-isp-dm1]authentication portal local                 // 为 Portal 用户配置 AAA 认证方法为 local
[AC-isp-dm1]authorization portal none                   // 为 Portal 用户配置 AAA 授权方法为 none
[AC-isp-dm1]accounting portal none                      // 为 Portal 用户配置 AAA 计费方法为 none。
[AC-isp-dm1]authorization-attribute idle-cut 15 1024    // 指定 ISP 域 dm1 下的用户闲置切断时间为 15 分钟，
                                                        // 闲置切断时间内产生的流量为 1024 字节
[AC-isp-dm1]quit                                        // 退出
```

② Portal 认证配置。创建和配置本地 Portal Web 服务器的 URL、配置使用 defaultfile .zip 认证页面文件（设备的存储介质的根目录下必须已存在该认证页面文件，否则功能不生效）、配置 Portal 免认证规则、开启无线 Portal 漫游功能、关闭无线 Portal 客户端 ARP 表项固化功能和开启无线 Portal 客户端合法性检查功能。

```
[AC]portal web-server newpt                                   // 配置 Portal Web 服务器的 URL
[AC-portal-websvr-newpt]url http://192.168.1.2/portal         // 配置设备重定向给用户
[AC-portal-websvr-newpt]url-parameter 1 source-address        // 重定向给用户的 Portal Web 服务器的 URL 中携带参数
[AC-portal-websvr-newpt]quit                                  // 退出
[AC]portal local-web-server http                              // 创建本地 Portal Web 服务器
[AC–portal-local-websvr-http]default-logon-page defaultfile.zip // 配置本地 Portal Web 服务器提供的认证页面文件
[AC–portal-local-websvr-http]quit                             // 退出
[AC]portal free-rule 1 destination ip any udp 53              // 配置 Portal 免认证规则
[AC]portal free-rule 2 destination ip any tcp 53              // 配置 Portal 免认证规则
[AC]portal roaming enable                                     // 开启无线 Portal 漫游功能
[AC]undo portal refresh arp enable                            // 关闭无线 Portal 客户端 ARP 表项固化功能
[AC]portal host-check enable                                  // 开启无线 Portal 客户端合法性检查功能
```

③ 接入模板配置。在模板 1F-vap 和 2F-vap 上应用内置 Portal 服务器。

```
[AC]wlan service-template 1F-vap                        // 进入无线服务模板 1F-vap
[AC-wlan-st-1f-vap]portal enable method direct          // 无线模板上开启 Portal 认证
[AC-wlan-st-1f-vap]portal domain dm1                    // 配置接入使用认证域为 dm1
[AC-wlan-st-1f-vap]portal apply web-server newpt        // 在无线服务模板上引用 Portal Web 服务器 newpt
[AC–wlan-st-1f-vap]service-template enable              // 启用模板
[AC-wlan-st-1f-vap]quit                                 // 退出
[AC] wlan service-template 2F-vap                       // 进入无线服务模板 2F-vap
[AC-wlan-st-2f-vap]portal enable method direct          // 无线模板上开启 Portal 认证
[AC-wlan-st-2f-vap]portal domain dm1                    // 配置接入使用认证域为 dm1
```

```
[AC-wlan-st-2f-vap]portal apply web-server newpt      // 在无线服务模板上引用 Portal Web 服务器 newpt
[AC–wlan-st-2f-vap]service-template enable            // 启用模板
[AC-wlan-st-2f-vap]quit                               // 退出
```

④ Portal 认证用户配置

配置本地 Portal 认证的用户名和密码为 test。

```
[AC]local-user test class network                     // 创建 test 用户
[AC-luser-manage-test]password simple test            // 配置密码为 test
[AC-luser-manage-test]service-type portal             // 配置用户类型为 Portal 用户
[AC-luser-manage-test]quit                            // 退出
```

3. 任务验证

在 AC 上使用 display current-configuration 命令确认已完成配置，如下所示。

```
[AC]display current-configuration
… …
#
 sysname AC
#
wlan global-configuration
 calibrate-channel self-decisive enable all
 calibrate-power self-decisive enable all
… …
wlan service-template 1f-vap
 ssid H3CU-1F
 vlan 10
 client max-count 10
 portal enable method direct
 portal domain dm1
 portal apply web-server newpt
 service-template enable
#
wlan service-template 2f-vap
 ssid H3CU-2F
 vlan 10
 client max-count 10
 portal enable method direct
 portal domain dm1
 portal apply web-server newpt
 service-template enable
#
… …
domain dm1
 authorization-attribute idle-cut 15 1024
 authentication portal local
 authorization portal none
 accounting portal none
```

```
… …
#
local-user test class network
 password cipher $c$3$LKDMI1KO8C8nrnOSZXh2/+d4SlZwDjM=
 service-type portal
 authorization-attribute user-role network-operator
#
 portal free-rule 1 description ip any udp 53
 portal free-rule 2 description ip any tcp 53
#
portal web-server newpt
 url http://192.168.1.2/portal
 url-parameter 1 source-address
#
portal local-web-server http
default-logon-page defaultfile.zip
… …
```

8.6 项目验证

微课 8-6
项目验证

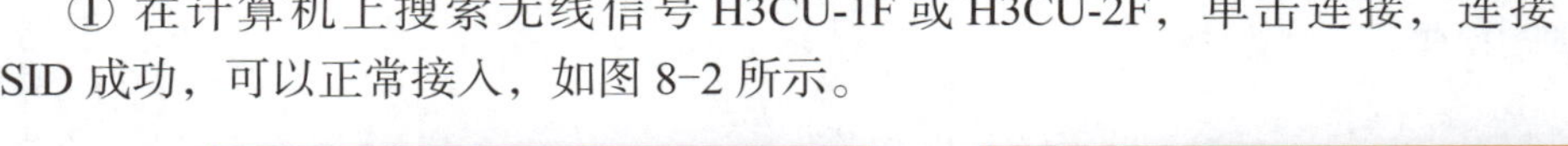

① 在计算机上搜索无线信号 H3CU-1F 或 H3CU-2F，单击连接，连接 SSID 成功，可以正常接入，如图 8-2 所示。

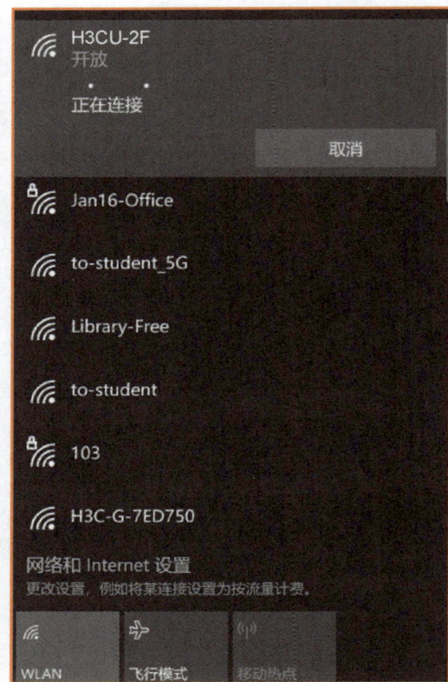

图 8-2 连接 SSID 成功

② 在计算机上按 Windows+X 组合键，在弹出的菜单中选择 Windows PowerShell 选项，打开 Windows PowerShell 窗口，使用 ipconfig 命令查看 IP 地址信息，如图 8-3 所示。

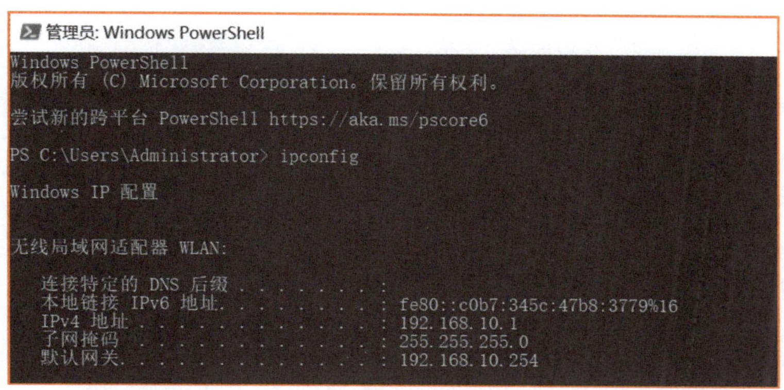

图 8-3 查看 IP 地址

可以看到，获取了 192.168.10.0/24 网段的 IP 地址。

③ 打开浏览器，在地址栏输入任意 IP 地址，弹出 Web 认证界面，如图 8-4 所示。

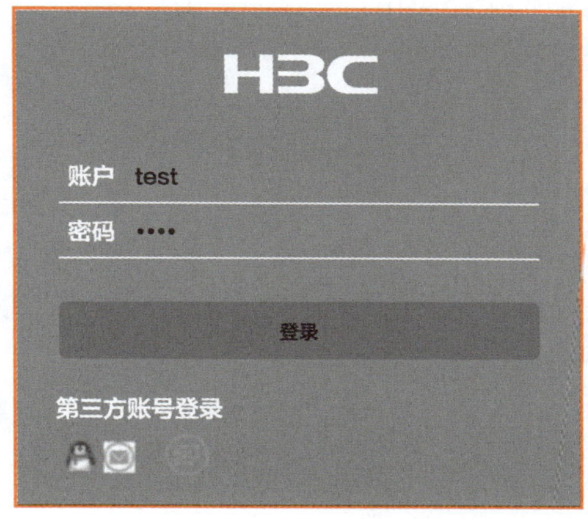

图 8-4 Web 认证界面

④ 输入用户名和密码，单击“登录”按钮，弹出成功接入网络的界面，如图 8-5 所示。

图 8-5 成功接入网络的界面

8.7 项目习题

选择题

1. Web 认证一般由（　　）提供认证界面。

　A．Web 服务器　　B．Portal 服务器

　C．Dadius 服务器　　D．AAA 服务器

2. 无线网络中，Web 认证主要通过（　　）信息完成身份认证。

　A．用户名　　B．密码　　C．用户名及密码　　D．以上都不对

3. 启用 Web 认证后，未认证用户使用浏览器上网时（　　）。

　A．浏览器会跳转到访问公告信息

　B．会强制浏览器访问特定站点

　C．不能享受 Portal 服务器上的服务

　D．会在连接 Wi-Fi 时要求输入用户名才能连接